该书受到大连交通大学博士科研启动基金资助

U0628224

单类目标快速加工的无意识心理联结：SC-IAT内隐测验

艾传国 ◇ 著

中国出版集团

世界图书出版公司

广州·上海·西安·北京

图书在版编目（CIP）数据

单类目标快速加工的无意识心理联结：SC–IAT内隐
测验 / 艾传国著 . -- 广州：世界图书出版广东有限公司 , 2025.1重印
　　ISBN 978–7–5192–0781–6

　　Ⅰ . ①单… Ⅱ . ①艾… Ⅲ . ①内隐反应–测验 Ⅳ . ① B845

中国版本图书馆 CIP 数据核字（2016）第 037905 号

单类目标快速加工的无意识心理联结：
SC–IAT 内隐测验

责任编辑　张梦婕
封面设计　楚芊沅
出版发行　世界图书出版广东有限公司
地　　址　广州市新港西路大江冲 25 号
印　　刷　悦读天下（山东）印务有限公司
规　　格　787mm×1092mm　　1/16
印　　张　12.75
字　　数　155 千字
版　　次　2016 年 2 月第 1 版　2025 年 1 月第 3 次印刷
ISBN 978–7–5192–0781–6/B・0134
定　　价　58.00 元

摘 要

单类内隐联想测验（Single Category Implicit Association Test，简称SC-IAT）是对传统内隐联想测验（Implicit Association Test，简称IAT）的发展。SC-IAT 能够测量个体对单一对象的内隐态度，弥补传统 IAT 的不足。SC-IAT 最早是由 Karpinski 和 Steinman（2006）提出来的，但我国使用的很少。本研究较为系统地探讨了 SC-IAT 的特点、应用和发展，为 SC-IAT 在我国的广泛应用提供理论和实证依据。

在 SC-IAT 的特点部分包括两个研究：研究一（SC-IAT 的顺序效应）和研究二（SC-IAT 的诱导效应）。在研究一中，采用 SC-IAT 和传统 IAT 两种方法测量了内隐自尊。对我 SC-IAT 进行了组块顺序平衡，即一部分被试先进行相容任务，再进行不相容任务，另一部分被试先进行不相容任务，再进行相容任务。同时，对两个内隐实验的顺序安排进行了顺序平衡，即一部分被试先进行我 SC-IAT，另一部分被试先进行我 – 他人 IAT。分析了我 SC-IAT 实验任务中的自动联想激活成分。考察了我 SC-IAT 的组块顺序效应以及两个内隐实验的顺序效应。同时，分析了采用 SC-IAT 测量内隐自尊的特点。在研究二中，采用 SC-IAT 和传统 IAT 测量了大学生对老年人和年轻人的内隐态度。在外显和内隐态度测量之前均呈现了正面或负面的关于老年人的信息，旨在考察先前的诱导信息对外显态度和内隐态度的影响。同时，分析了大学生对老年人的态度状况。

在SC-IAT的应用部分包括两个研究：研究三（SC-IAT在内隐群体偏爱中的应用）和研究四（SC-IAT在产品品牌内隐偏好中的应用）。在研究三中，采用SC-IAT和传统IAT测量了大学生对农村人和城市人的内隐态度。设计了三个内隐实验：农村人SC-IAT、城市人SC-IAT和农村人-城市人IAT。考察了大学生对农村人和城市人的内隐内-外群体偏爱情况。在研究四中，采用SC-IAT和传统IAT测量了大学生对中国手机品牌和外国手机品牌的内隐态度。考察了被试持有手机品牌与其对手机品牌外显与内隐态度之间的关系。分析了行为与外显态度及内隐态度发生冲突的认知失调情况。

在SC-IAT的发展部分包括两个研究：研究五（测量多个态度对象的SC-IAT）和研究六（单一组块的SC-IAT）。在研究五中，对SC-IAT进行改进，将多个态度对象整合到一个概念类别里，测量了大学生对四个主流门户网站的内隐偏好。考察了该测量的信度以及与外显测量的关系。分析了该方法的可行性。在研究六中，借鉴单一组块的内隐联想测验（Single Block Implicit Association Test，简称SB-IAT）的思想，将SC-IAT的两个组块（相容任务和不相容任务）整合到一个组块里，并测量了大学生的内隐性别角色认同。分析了该方法的信度以及相对SC-IAT的优点。

研究结果显示：

（1）SC-IAT实验任务中自动联想激活成分存在，且达到显著水平（$p<0.01$）。

（2）SC-IAT实验的组块顺序效应不显著（$p>.05$）；两种内隐实验的顺序安排不影响内隐效应（$p>0.05$）。

（3）诱导信息显著影响了外显态度（$p < .01$），但对内隐态度（SC-IAT和IAT）不产生显著影响（$p > .05$）。

（4）传统IAT测量是相对内隐态度，而SC-IAT测量的是整体内隐态度。

（5）相比传统IAT，SC-IAT能明确地揭示被试对某单一对象的具体内隐态度，并有利于更加清楚地探究内－外群体内隐偏爱情况。

（6）相比传统IAT，SC-IAT能考察个体行为与内隐态度的关系，从而揭示认知失调在内隐态度领域的特点。

（7）两个SC-IAT内隐效应之差（如农村人SC-IAT减去城市人SC-IAT）与包括两个目标对象的IAT内隐效应（如农村人－城市人IAT）之间不存在显著差异（$p > .05$）。说明SC-IAT可以实现相对内隐态度的测量：只需将二者相减，就得到二者的相对内隐态度。

（8）通过将多个态度对象整合到SC-IAT中一个概念类别里，来测量被试对多个目标对象的内隐态度，该方法能够单独算出被试对每个目标对象的内隐态度，是对SC-IAT的新发展。

（9）将相容任务和不相容任务整合到一个组块后的SC-IAT和传统SC-IAT相比，具有相似的心理测量属性，但具有较少的组块，是对传统SC-IAT方法的较好的改良。

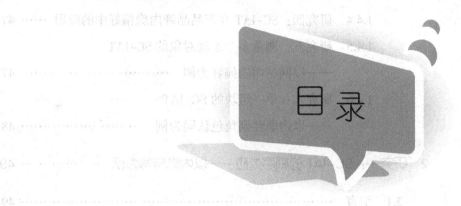

目 录

1 研究背景

1.1 导言

社会态度包括两个相互独立的结构：外显态度和内隐态度（Wilson, Lindsey, & Schooler, 2000）。外显态度主要是通过自我报告的方式获得的态度。内隐态度指基于自动激活评价的行为或判断，没有个体的意识参与（Greenwald & Banaji, 1995）。测量内隐态度的常见方法是使用内隐联想测验（Implicit Association Test，简称 IAT）。其原理是观念中联系紧密的概念，在词语分类任务中概念词与属性词的联结反应时更短，反之，反应时更长。这种方法可以较好地测量个体的内隐态度（Greenwald, McGhee, & Schwartz, 1998）。自从 IAT 提出以后，出现了大量的理论和应用研究。IAT 是一种基于反应时的测验方法，它的内部一致性比自我报告的外显测量要稍稍低一些（Buchner & Wippich, 2000; Perruchet & Baveux, 1989），但总体上是可以接受的，平均值在 0.70 到 0.90 之间（Hofmann, Gawronski, Gschwendner, Le, & Schmitt, 2005a）。再测信度不是很好，在 0.56 左右（Nosek, Greenwald, & Banaji, 2007）。IAT 在某些领域比通过外显测量的态度对行为更有预测力（Greenwald, Poehlman, Uhlmann, & Banaji, 2009），包括刻板印象和偏见（Ashburn-Nardo, Knowles, & Monteith, 2003; Jellison, McConnell, & Gabriel, 2004; Neumann, Hülsenbeck, & Seibt, 2004; Rudman, Feinberg, & Fairchild, 2002; Sabin, Nosek, Greenwald, & Rivara, 2009）以及与健康相关的行为，如饮食偏好（Maison, Greenwald, & Bruin, 2001; Perugini, 2005）、饮酒（Ostafin, Marlatt, & Greenwald, 2008; Palfai & Ostafin, 2003）和吸烟行为（Andrews, Hampson, Greenwald, Gordon, & Widdop, 2010; Chassin, Presson, Rose, Sherman, & Prost, 2002; Swanson, Rudman, & Greenwald, 2001）。在我国也出现了大量的关于 IAT 的理论和应用的研究（蔡华俭，2003; 高旭成，吴明证，梁宁建，2003; 梁宁建，杨福义，陈进，2008; 杨治良，邹庆宇，2007; 佐斌，刘晅，2006）。

尽管经典 IAT 具有很多优势，但是很多学者提出了质疑。Brendl、Markman 和 Messner（2001）利用随机漫步模型分析了被试在 IAT 任务中反应标准的变动，发现被试在不相容任务中将反应阈限提高，是由认知难度导致的，跟内隐态度无关。IAT 测量的不一定是个体的倾向性，有可能是社会文化中两个概念的联结强度（Karpinski & Hilton, 2001）。Rothermund 和 Wentura（2001）提出了"图像—背景非对称"理论，认为在分类任务中决定反应速度关键在于样例刺激自身的"突显性"。IAT 测量的仅仅是相对态度，其结果依赖于比较对象（Greenwald & Farnham, 2000）。但对于只需要测量单一态度对象时，IAT 则无法实现（Karpinski, 2004）。

针对经典 IAT 只能测量相对态度的问题，很多学者提出了评价单一态度的内隐测验，包括命中联系作业 GNAT（Go/No-go Association Task）、外部情感西蒙作业 EAST（Extrinsic Affective Simon Task）、单靶内隐联想测验 ST-IAT（Single Target Implicit Association Test）和单类内隐联想测验 SC-IAT（Single Category Implicit Association Test）等（温芳芳，佐斌，

2007）。GNAT吸收了信号检测论的思想，从噪音刺激中分辨信号刺激（Nosek & Banaji, 2001）。EAST结合了IAT和De Houwer提出的情绪性西蒙作业的特点（De Houwer, 2003b）。ST-IAT是对IAT的修正，包括一个只有积极的和消极的靶子词的初始的练习阶段，正式测试阶段只有一个概念词，每个阶段的靶子词数目较少，但可以将多个态度对象整合到一个实验里（Bluemke & Friese, 2008; Wigboldus, Holland, & van Knippenberg）。SC-IAT是Karpinski和Steinman（2006）提出的用来测量单一态度对象与不同属性词之间的联结强度的内隐测验方法。他用SC-IAT测量内隐自尊。实验中只出现一个概念词"我"。实验包括4个步骤，步骤1和步骤3是练习，各24次；步骤2和步骤4是正式测试，各72次。先进行相容任务匹配（我+积极在左，消极在右），再进行不相容任务匹配（积极在左，我+消极在右）。Karpinski的研究显示SC-IAT内隐效应显著，内部一致性系数从0.55到0.85，与以往IAT研究的内部一致性系数相似（Greenwald, Nosek, & Banaji, 2003a; Nosek, Greenwald, & Banaji, 2005b），比其他内隐测量方法要高（Bosson, Swann, & Pennebaker, 2000; De Houwer, 2003b; Nosek & Banaji, 2001; Olson & Fazio, 2003; Teige, Schnabel, Banse, & Asendorpf, 2004）。当态度对象只有一个，很难找到与之相对的概念时；或者研究者想知道被试对每个态度对象的具体态度时，评价单一态度对象的内隐测验方法的优势就体现出来了。

本研究的目的是较为系统地研究SC-IAT的特点，包括其组块顺序效应、内隐实验顺序效应以及其与传统IAT相比较的独特特点；并结合群体偏爱理论探讨SC-IAT在内隐群体偏爱中的应用，以及结合认知失调理论探讨SC-IAT在产品品牌内隐偏好中的应用；最后对SC-IAT进行了发展，利用SC-IAT评估多个目标对象的内隐态度以及设计并应用单一组块的

SC-IAT 测量方法，考察了这些新的方法的可行性，为 SC-IAT 在我国的应用和发展提供实证依据。

我国内隐社会认知领域用得较多的是传统 IAT，关于评估单一态度对象的内隐研究很少，尤其是关于西方学者提出的形式简单且信效度较高的 SC-IAT 的研究很少涉及。同时对于 SC-IAT 自身的特点认识还不够，并且将 SC-IAT 应用于群体偏爱和产品偏爱的研究很少。另外，SC-IAT 还有进一步发展的空间，如评估多个目标对象的内隐态度以及进一步改进为单一组块的 SC-IAT 等。因此，本研究有助于弥补国内内隐社会认知领域中方法的不足，为我国内隐社会认知领域提供方法上的补充，并为 SC-IAT 的应用和发展提供理论和实证依据。

1.2　文献综述

1.2.1　社会认知的控制加工过程与自动化加工过程

David Hartley（1749）在《对人的观察》一书中谈到"身体的运动包括两种类型：自动的和自愿的"。该观点是文献中较早论述人类行为自动和控制两个方面的。当然，关于自动和控制的思想的产生早在哲学中关于自由意志和决定论里就涉及了。同样，人类自动和控制行为也是心理学领域关注的重要主题之一。在科学社会心理学里，需要回答人们何时以及如何控制自己的行为，行为何时以及如何自动发生的。下面主要探讨控制和自动行为的特点和关系。

人类的控制行为：

所谓控制，从根本上来讲，就是影响某个事物使其朝某个特定的方向发展。例如，帽子可以控制头发；皮带可以控制一条狗。当事物发展方向是随机的或未知的时，不能叫控制。所以，热带风暴对头发的影响不属于这里谈论的控制。

控制包括两个方面：控制行为（影响）和控制效果（方向）。控制既包括对事物产生影响也包括某种效果的达成。以帽子为例，控制行为是静态的，控制效果就是防止头发被风吹乱。用皮带拴住狗散步属于动态的控制，控制效果是带着狗在花园里遛弯儿，也可能包括当狗闻到有趣的东西而不肯走时，强拉皮带将狗带走。

在控制行为中，意识控制起着非常重要的作用。Wegner 等（1998）将意识控制分为三个部分：意识计划（conscious planning），对将要做的事情先进行思考、计划和安排；意识目的（conscious intention），思考行为的目的；意识操控（conscious monitoring），在行为过程中关注方案的各个方面。

人类的自动行为：

人们经常发现，自己身体的某些功能是不能控制的。例如，心跳、呼吸、内脏的工作等都是不能通过意识控制的。如果我们尝试控制，比如呼吸，身体功能最终会战胜我们的。心理学家们很早就认识到意识控制很慢，耗费资源，不可能负责所有心理事件（Shiffrin, 1988）。于是人们开始关注自动加工过程，因为它具有所有意识控制加工过程相反的特点（Posner & Snyder, 1975; Shiffrin & Schneider, 1977）。自动加工过程被认为是无意的，发生在意识之外，有效的（耗费很少的注意力），以及很难控制的。早期认知加工模型认为一个加工过程要么是意识控制的，要么是自动加工的。

Posner-Snyder 模型：

由于自动化加工过程和意识加工过程往往是同时发生的，那么这两种过程是如何相互作用的？尤其是当它们的结果出现矛盾时。Posner 和 Snyder（1975）分析了这两种加工过程的相互关系。在这个模型里，相关刺激的呈现直接引发了自动编码加工，不需要意识注意，不耗费注意资源。而且这个过程很快，在 200ms 到 300ms 之间就发生。

意识加工过程需要更长的时间，至少 500ms，需要耗费大量的注意资源，但是它能进行策略性的加工控制。当给予被试足够多的时间去进行策略性的意识控制时，能克服自动加工过程，尤其是存在不相容任务时。但是，当时间并不充足，注意资源有限时，自动加工过程就会占据上风。Neely（1977）使用词汇分辨任务支持了该模型。给被试呈现一系列关于 "BODY" 或 "FURNITURE" 的刺激，并在刺激呈现之前出现启动刺激 "BODY" 或 "FURNITURE"。研究设计中最关键的地方在于改变启动词与目标刺激之间的时间间隔。如果时间间隔很短时（如 250ms），只有自动加工过程发生；那么，启动词 "BODY" 将会促进与身体相关刺激的反应。如果时间间隔较长时（如 750ms），策略性意识控制就会影响反应。

这个研究反映了自动化加工过程的一些非常重要的特征。首先，自动化加工过程适用于环境中长期稳定的规律，而不适应这些规律的短期变化。而意识控制过程正好相反，能够适应环境的短期变化。其次，当自动和控制加工过程同时竞争反应时，意识控制会支配自动加工。也就是说，这两种过程的相互作用最终只会产生一种反应，不会是多种。在 Neely 的实验中的相反反应情境中，意识控制过程必须抑制自动加工过程才能做出正确反应。第三，意识控制过程具有可抑制性，而自动加工过程不具有抑制性。虽然意识控制加工过程的抑制功能需要耗费意志努力和时间，但能增强对环境的非习惯式反应。最后，自动加工不需要个体的注意，当然也是不可控的。

Shiffrin-Schneider 的研究：

与 Posner-Snyder 模型不同的是，Shiffrin 和 Schneider（1977）提出了

自动加工过程可训练的思想。实验中，让被试识记 1~4 个项目，然后再视觉呈现再认项目。要求被试判定在再认项目中是否有以前识记过的项目。研究发现，随着不断地练习对目标刺激会产生自动注意反应。他们认为自动化加工过程来源于个体与环境长期频繁互动的经历。这种过程与控制加工是平行的，能有效利用注意资源。当被试要求在一系列刺激中寻找目标刺激时，这种自动注意过程开始进入工作状态。类似于开车或打字一样，长期地训练会形成自动反应。

总之，自动化加工过程的特点就是一旦开始就会自己运行，不需要意识指引和操控。整个过程非常快并且有效，仅仅耗费很少的注意资源。自动化加工过程来源于长期频繁地与环境互动。

随着社会心理学家不断深入研究，后来发现这种自动化加工过程能干扰有意的行为反应（Fazio, Sanbonmatsu, Powell, & Kardes, 1986）。这种干扰效应形成了现代内隐态度测量的基础，比如情感启动（Fazio, Jackson, Dunton, & Williams, 1995）和内隐联想测验（Greenwald, et al., 1998）。

1.2.2 传统 IAT 研究回顾

1.2.2.1 IAT 的介绍

在地球上的所有生物里，人类最喜欢窥探或反思自己的内心世界，并将其思考的结果与他人分享。这种内省的能力使人们能够知道什么是明确或确定的，能够在心理上控制自己的思想，明白自己的思想、情感和行为的原因，并且能够理性地决策。20 世纪心理学最引人瞩目的发现之一就是开始挑战这种人类思维的理性假设。人类的思想具有很多局限性，还存在意识所无法达到的思维和情感，心理学家对此越来越感兴趣。他们发现通过问卷或访谈等方法测量的外显态度往往受到个体动机、社会赞许性等因素的影响，而不能真实地反映个体内在态度或心理倾向。社会认知研究发现了外显测量方法的两个方面的局限性（Greenwald & Banaji, 1995）。首先，外显测量容易受到自我表现策略的影响。其次，外显测量受到内省的局限。因为大脑信息加工存在两种历程：命题加工和联想加工。命题加工过程相当于外显逻辑推理过程，经由意识加工并且比较慢。联想加工过程相当于激活扩散的过程，速度快但意识可达性有限（Strack & Deutsch, 2004a）。心理学家为了探索先前尚未发现的认知与情感，开始着手发展新的测量方法，从而重新认识传统的社会心理学概念，如态度、偏好、信念、刻板印象、自我概念和自尊等。这些测量方法不需要被试的内省，因为内省往往并不可靠。比如要测量某个学生的数学能力，方法一是你问他"你善于数学吗？"方法二是让他做一次数学能力测验。毫无疑问，后者更能让我们相信他的数学能力，而方法一则无法让我们相信。然而，如果要测量的是偏好、刻板印象或认同等，而不是能力测验，事情可能要复杂得多。因为将内省从这些心理过程中取消是件很困难的事，它们与主观思想和情感一直紧密地联系在一起，要获得个体真实的态度不是一件容易的事情。

基于内隐与外显记忆的思想（Roediger, 1990; Schacter, Bowers, & Booker, 1989），Greenwald 和 Banaji 提出了内隐认知的概念。他们把内隐认知界定为"通过内省无法确定或不能准确确定的过去经验，这些经验包含着对社会对象的喜欢或不喜欢的情感、思想和行为"（Greenwald & Banaji, 1995）。他们将这个一般性定义应用于社会心理学的重要领域：态度、刻板印象和自尊。他们强调内隐认知能够揭示人们不愿意或不能报告的意识信息。换句话说，内隐认知可以揭示那些与在外显层面与我们的价值观或信念相冲突的过去经验，或者表达出来会产生负面社会影响的态度。更有可能，内隐认知可以揭示通过内省无法达到的经验，即使人们有努力地回忆和表达它（Wilson, et al., 2000）。这些信息无法触及，就像有些记忆一样无法触及，不单存在于遗忘症患者身上，也存在于所有人身上。

目前，应用比较广泛的内隐测量方法是 Greenwald 等（1998）提出的内隐联想测验（Implicit Association Test, 简称 IAT）。该方法通过一种自动化的联想过程，克服了外显自陈式测量的局限性。IAT 方法主要考察被试在一对目标概念（如 me 和 others）和一对属性概念（如 positive 和 negative）之间的自动化联系。被试要在电脑上完成一系列的分类任务，并且在确保准确的情况下尽快反应。当联系紧密的目标概念与属性概念安排在同一个反应键时，被试的反应会比较快；反之，反应就会比较慢。以内隐自尊测验为例，实验包括 7 个步骤：（1）练习阶段，当屏幕中间出现与 me 相关的词时按 A 键，当屏幕中间出现与 others 相关的词时按 L 键；（2）练习阶段，当屏幕中间出现与 positive 相关的词时按 A 键，当屏幕中间出现与 negative 相关的词时按 L 键；（3）练习阶段，当屏幕中间出现与 me 或者 positive 相关的词时按 A 键，当屏幕中间出现与 others 或者 negative 相关的词时按 L 键；（4）正式测试阶段，过程与步骤 3 相同；（5）练习阶段，当屏幕中间出现与 others 相关的词时按 A 键，当屏幕中间出现与 me 相关的词时按 L 键；（6）练习阶段，当屏幕中间出现与 others 或者 positive 相关的词时按 A 键，当屏幕中间出现与 me 或者 negative 相关的词时按 L 键；（7）正式测试阶段，过程与步骤 6 相同（见表 1）。

表 1 自尊 IAT 实验的基本程序模式

步骤	实验次数	功能	"A"键	"L"键
1	20	练习	me	others
2	20	练习	positive	negative
3	20	练习	me or positive	others or negative
4	40	测试	me or positive	others or negative
5	20	练习	others	me
6	20	练习	others or positive	me or negative
7	40	测试	others or positive	me or negative

实验主要考察步骤 4 和步骤 7 之间的反应时差别。一般将步骤 4 界

定为相容任务，步骤 7 界定为不相容任务。如果相容任务的反应时显著小于不相容任务，则任务被试在内隐层面对自己的评价更积极，即内隐自尊较高；反之，则被试在内隐层面对自己的评价更消极，即内隐自尊较低（Greenwald & Farnham, 2000）。

IAT 效应的分数计算有多种方法，包括平均数、对数、中位数、倒数等，Greenwald、Nosek 和 Banaji（2003a）提出了 IAT 分数的改进算法，*D* 分数法。其计算方法是用被试不相容任务的平均反应时减去相容任务的平均反应时，再用这个差除以该被试所有正确反应（不包含原先错误反应）的反应时的标准差。他们通过对 Election 2000 IAT、Gender-Science IAT、Race IAT 和 Age IAT 进行多种算法分析，发现改进的分数算法相比传统算法在 5 个方面具有优势：（1）内隐与外显之间的相关更高；（2）受个体反应时差异的干扰更小；（3）受先前 IAT 经验的影响更小；（4）产生更大的 IAT 效应；（5）内隐对外显的路径系数更高。

一般来说，当 $0.15 \leqslant D < 0.35$，则内隐效应较低；当 $0.35 \leqslant D < 0.65$ 时，则内隐效应适中；当 $D \geqslant 0.65$ 时，则内隐效应较强。

1.2.2.2 IAT 效应的解释

目标概念类别和属性类别共享相似属性特征的程度可以很好地解释 IAT 效应（Schnabel, Asendorpf, & Greenwald, 2008）。相似性的基础可能是概念之间的某种紧密联系，也包括刺激的熟悉性或单词的长度等。如果研究要考察概念之间的紧密联系程度，需要对导致相似性的其他方面进行严格控制。IAT 认为概念类别之间的相似性可以促进这两个类别在同一个反应键时的联结任务（De Houwer, Geldof, & De Bruycker, 2005）。De Houwer（2003a）将这种促进效应归于刺激—反应相容机制，并认为如果具有相似性的类别安排在同一个反应键时，目标与属性信息会产生协同反应倾向；

与此相反，如果不具有相似性的类别安排在同一个反应键时，目标与属性类别会彼此发生冲突，从而反应时增加。

持有类似观点的还有 Mierke 和 Klauer（2001, 2003）提出的任务切换解释，认为不相似类别对需要被试在两个有明显区别的目标和属性之间进行切换，而紧密联系的类别对只需要考虑与属性相关的信息，因此任务切换会造成反应时变长。另外，有研究显示任务切换能力存在个体差异，这种差异只占 IAT 效应的一小部分，并独立于测量到的类别之间的联系（Back, Schmukle, & Egloff, 2005; Teige-Mocigemba, Klauer, & Rothermund, 2008）。

还有一些类似的解释都指出类别标签和个别刺激构成了整个 IAT 效应（Steffens & Plewe, 2001）。近年来有学者使用 IAT 实验的反应时和错误数据去评估内隐历程的不同成分，并建构数学模型。IAT 扩散模型分析分离了三种不同的成分：（1）比较两个联合任务中信息积累的容易度和速度，该成分与外显态度测量显著相关；（2）比较反应速度与准确性情况，与因任务切换而产生的方法变异相关显著；（3）导致 IAT 效应的非决策成分（Klauer, Voss, Schmitz, & Teige-Mocigemba, 2007）。内隐历程的四成分模型（Conrey, Sherman, Gawronski, Hugenberg, & Groom, 2005）认为 IAT 效应中包含四种心理历程：（1）联想激活的自动历程；（2）刺激区分的能力；（3）克服自动联系的能力；（4）猜测偏差。为了评估四成分模型和扩散模型的实用性，还需要更进一步的研究来显示不同心理成分的可信度。

1.2.2.3 内隐测量的多成分分离

Schneider 和 Shiffrin（1977）巧妙地将多种不同的认知过程组织成两个类别：自动化加工过程和控制加工过程。根据他们的理论，自动化加工过程指对记忆中已经存在的信息进行自发的激活。这个过程是不需要意志努力的，并不可避免地被诱发刺激所启动。在控制加工过程中，为了完成某项特定任务，会暂时地建立信息联结。这个过程受到认知资源的局限，但优点是容易被警觉、使用和终止（Bargh, 1994; Smith & DeCoster, 2000; Strack & Deutsch, 2004b）。在社会心理学的很多领域都对自动加工和控制加工进行了区分，并且反映在当前的偏见和刻板印象的双重加工过程理论（Devine, 1989），态度——行为一致性（Fazio, 1990），性格归因（Gilbert, 1989），说服（Chen & Chaiken, 1999），以及个体知觉（Fiske & Neuberg, 1990）中。

在社会心理学中，考察自动加工和控制加工的影响最常见的方法就是分别进行两个独立的测量，一个关注自动过程，一个关注控制过程。比如，在大多数偏见领域的研究中，自动偏见反应是通过内隐测量来实现的，比如情感启动实验（Fazio, et al., 1995），或者是内隐联想测验（Greenwald, et al., 1998）。对于意识控制倾向，则采用外显测量，如现代种族偏见量表（McConahay, 1986），或者感觉温度计量表（Haddock, Zanna, & Esses, 1993）。目前，大多数社会心理学家采用这两种途径分别测量自动加工过程和控制加工过程。

虽然这个任务分离方法使社会心理学有了很大的发展，但这种方法有一定局限性。首先，在测量任务中混杂了不同的加工模式（自动的和控制的）。在内隐过程中可能即存在自动加工又存在控制加工过程。更准确地说，没有哪个任务是仅存在单一加工过程的。不可能存在哪个反应任务是完全建立在自动加工过程上的，也不可能存在哪个反应任务是完全建立在控制加工过程上的。并且，大多数行为研究者希望能揭示任务中存在的同时发生的自动加工过程和控制加工过程（Wegner & Bargh, 1998）。

为了后面更好地说明加工过程的分离实验，先对自动加工过程和控制加工过程进行操作化定义。

控制加工的操作定义：

在双重加工理论中，控制通常被认为是提取信息的行为或决定一个正确答案（Chaiken & Trope, 1999）。在说服的双重加工模型中（Petty & Wegener, 1999），对说服信息的优势和弱势进行权衡被认为是控制加工。同样地，个体认知的双重加工模型认为形成一个准确的印象需要进行个体区别对待的控制加工。近来，另外一种控制加工过程逐步受到重视，叫自我调节。Wegner（1994）的观念抑制模型认为当人们试图抑制某个特定观念时，如想到北极熊，两种过程会发生：自动地搜索记忆中关于北极熊的信息；抑制这些出现的信息。这种控制调节努力在偏见和刻板印象的双重加工模型中起到非常重要的作用，并且这种努力地控制对于克服自动激活的刻板印象十分有必要（Devine, 1989）。

在研究历史上，双重加工模型只关注这两种控制加工过程中的一种。虽然他们都需要认知资源，但准确评价和自我调节是明显不同的，并且两个过程可能同时存在某个任务中。例如，警察决定是否向一个可能带了，也可能没带枪的黑人开枪既取决于他辨别这个黑人是否带枪的能力，也取决于他克服黑人与枪之间的自动联系以及开枪的能力（Correll, Park, Judd, & Wittenbrink, 2002; Greenwald, Oakes, & Hoffman, 2003b; Payne, 2001）。总之，要想准确地描述一个复杂的行为必须同时考虑两种加工过程。

自动加工的操作定义：

在判定反应中的自动加工过程进行操作性定义有两种方式。第一种，被 Schneider 和 Shiffrin（1977）定义为对已经存在的联结的自发激活，它能将注意力从有意认知中转移。在情感启动实验中，Zajonc（1980）发现对象在控制加工之前进行了情感加工。

在其他任务中，自动加工过程有不同的理解。记忆研究经常关注当控制加工失败时，自动联结对反应的促进作用。Jacoby（1991）进行了分离自动加工和控制加工实验，指出在一项记忆测验中对旧项目的识别要么依靠对记忆的控制搜索，要么靠自动发生的熟悉感。这种反应偏差不同于自动联想激活。并且这种反应偏差只有在控制失败的时候才会影响反应，而不会干扰控制过程。

双重加工模型要么关注自动联想激活，要么关注熟悉反应偏差，不会同时考虑。然而，很多反应被这两种过程同时影响。例如，警察觉得这个黑人可能拿枪指着他，于是立即对这个黑人开了枪，这种行为可能是受到自动联想激活的影响，也可能是另一种情况：当自动联想没有激活时，警察觉得没有明显证据证明这个黑人不会拿枪指着他，扣动扳机会比较安全，这种念头会自发产生。

Conrey 等（2005）提出四成分模型，认为在复杂的认知加工过程中存在四种类型的加工过程。联想激活（*association activation*），自动地激活联想过程；区别能力（*discriminability*），做出正确反应的能力；克服偏差（*overcoming bias*），成功克服自动联想激活；猜测（*guessing*），在没有可用的反应指导时出现的反应偏差。

下面以 IAT 任务进一步说明其中包含的四个成分。IAT 包含两个不同的区分任务，被试要同时区分概念类别刺激（如黑人和白人）和属性刺激（如快乐和不快乐）。在相容任务中，要评估白人被试对白人相对黑人的自动偏好，被试对出现的快乐词和白人脸图片按同一个键，对出现的不快乐词和黑人脸图片按另一个键。在不相容任务中，反应匹配交换了位置（如黑人–快乐，白人–不快乐）。在某种程度上，不相容任务要难一些，因为人们被认为相对黑人更偏好白人。

虽然 IAT 在很多领域成功地使用了，但是 IAT 过程并不是仅仅只有自动联结过程（Brendl, et al., 2001; McFarland & Crouch, 2002; Mierke & Klauer, 2003; Rothermund & Wentura, 2004）。在黑人－白人 IAT 中，自动激活可能解释不快乐与黑人脸之间的自动倾向（association activation）。根据按键分配规则，区分不同刺激按不同的键（discriminability）。在相容任务中，联想激活和区分能力能形成正确判断。但在不相容任务中，联想激活会产生错误判断，这时需要克服自动联想激活从而形成正确判断（overcoming bias）。最后，如果没有联想激活，也没有正确的反应可以采用，那么被试就会猜测（guessing）。在这种情况下，被试可能随机猜测左右。另外，被试也可能出现无意的右手偏好（Nisbett & Wilson, 1977），或者为了避免出现偏见而出现某种反应策略。

虽然这里以 IAT 为例，但这种分析可以运用于任何以相容反应为逻辑的内隐测量（De Houwer, 2003a; Kornblum, Hasbroucq, & Osman, 1990），包括情感启动（Fazio, et al., 1995），Stroop 任务（Kawakami, Dion, & Dovidio, 1999），go/no-go 联结任务（Nosek & Banaji, 2001），以及其他基于反应相容任务的连续启动实验（Payne, 2001）。

内隐测量的数据分析技术不能将四个加工过程分离开。如果不能将这些过程区分开来，内隐效应将是一个模糊的概念。例如，在内隐任务中，还不能将自动联结强的人与自动联结弱的人区分开来。考虑到在社会心理学中自动加工和控制加工经常相互影响，急需一种方法将二者分离开来。四维模型提供了一种利用错误率来评估四个认知加工阶段的数学统计方法。

四成分模型的提出是建立在 Jacoby 的认知加工过程分离方法基础之上的。（Jacoby, 1991; Jacoby, McElree, & Trainham, 1999; Lindsay & Jacoby, 1994）。出于这个原因，这里先介绍 Jacoby 的 A-first 模型。

A-first 模型包含两个参数：自动加工成分（A）和控制加工成分（C）。

以 Stroop 颜色命名任务为例（Stroop, 1935）。当单词和字体颜色不一致时（如 red 的字体颜色为蓝色），做出正确反应就比较难，相比于单词和字体颜色一致时（如 red 的字体颜色为红色）。这种干扰效应可以用 A-first 模型表示，见图 1。

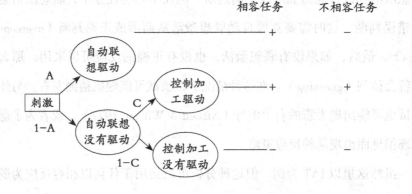

图 1　认知加工的 A-first 模型

当自动地阅读单词的习惯驱动反应时（A），如果单词与字体颜色一致，就会做出正确回答。如果不一致时，就会产生错误回答。如果自动地阅读单词的习惯没有驱动反应时（1-A），对字体颜色的外显知识就会驱动反应（C），不管是不是相容任务都会产生正确回答。最后，如果控制没有驱动反应（1-C），那么就会得出错误回答。

A-first 模型也存在局限性。A 参数不能解释任务中可能存在的自我调节的作用。比如在 Stroop 实验中，模型不能区分这两种被试：没有阅读习惯的不识字儿童和能够很好地克服习惯影响的成人。在内隐偏见研究中，如果发现内隐偏见减少了，是因为偏见真的减少了，还是克服自动产生的习惯的能力提高了呢？该模型不能解释。另一个局限是，该模型没有考虑这种可能：在自动激活习惯没有发生，也不能判定正确答案时，猜测也可能产生正确答案（Buchner, Erdfelder, & Vaterrodt-Pluennecke, 1995）。

四成分加工模型（见图2）是一个多维度模型，旨在将内隐任务中四个不同的认知加工过程区分开：联想激活（*association activation*; AC），区分能力（*discriminability*; D），克服偏差（*overcoming bias*; OB），猜测（*guessing*; G）。在树图中，每一个路径代表了一种可能性。箭头旁的参数是认知加工过程中的条件。例如，OB以AC和D为条件；同样，G以1-AC和1-D为条件。

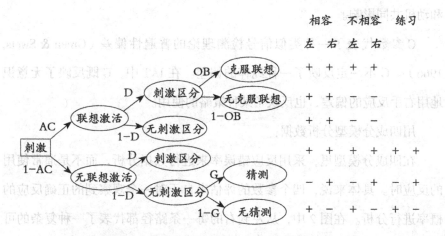

图2 内隐实验四成分加工模型（Conrey, et al., 2005）

AC参数，联想激活参数，概念被刺激自动激活的可能性。相反的可能性，1-AC，代表联想没有被激活的可能性。AC越大，概念被自动激活的可能性越高。该参数直接反映了内隐社会认知要测量的内容。

D参数测量的是刺激区分能力，个体需要意志努力来判定正确反应。例如，在个体知觉中，需要从一般群体成员中识别出个体。需要强调的是，D代表的是答案能被决定的可能性，而不是答案被决定的可能性。D以已有知识经验为基础，对记忆中可用的相关信息比较敏感。并且，D也和对刺激的注意力以及认知能力有关。那么，如果一个人的注意力被分散，D就比较低。最后，D也与动机有关。成功完成任务的动机越强，D值越高。

OB 参数代表了一种不同于 D 的控制加工过程，是一种对自动联想激活的抑制。当自动联想激活（AC）时，并且环境和记忆中的外显信息能被用于进行有意判断（D），联想和基于规则的加工会共同竞争驱动反应，尤其是在不相容任务中。OB 调节着这两个过程。如果自动联想被克服（OB），那么区分能力（D）驱动反应。然后，如果自动联想没有被克服（1-OB），那么自动联想驱动反应。由于 OB 代表的是控制过程，所以它被认知能力和动机共同影响。

G 参数代表了一种类似信号检测理论的普遍性偏差（Green & Swets, 1966）。G 不一定反映了一种纯粹的偏差。在 IAT 中，G 既反映了无意识地用右手反应的偏差，也反映了某种策略的使用。

用四成分模型分析数据：

在四成分模型里，采用反应错误率来进行数据分析，而不是通常使用的反应时。具体来说，四个参数的评估来自于对一个观察到的正确反应的概率进行分析。在图 2 中，从左到右的每一条路径都代表了一种复杂的可能性。与某个反应相关的所有可能性之和就是那个反应的总概率。

例如，在黑人－白人 IAT 中的不相容任务里，白人面孔分配到正确按键的概率是：p（correct|White, incompatible）=AC×D×OB+（1-AC）×D+（1-AC）×（1-D）×（1-G）。这个方程包含了 3 个可能产生正确答案的路径。第一部分，AC×D×OB，指自动联想被激活，正确答案能被区分以及为了控制反应而克服联想的概率。第二部分，（1-AC）×D，指自动联想没有被激活，正确答案能被区分的概率。第三部分，（1-AC）×（1-D）×（1-G），指自动联想没有被激活，正确答案不能被区分以及被试猜测左手反应的概率。这些概率之和就是在不相容任务中白人面孔正确判断的概率。

针对每个项目正确反应和错误反应的情况，建立方程，并进行参数估计。使用观测到的错误率与模型提供的期望错误率，通常可以计算出 χ^2 值。很明显，χ^2 值越小越好，那么通过最大似然估计对参数进行改变，直到返回最小的 χ^2 值。如果 χ^2 值不显著，那么说明模型能拟合数据。

Conrey 等（2005）采用 29 名大学生参加了花 – 昆虫 IAT 实验，研究结果如下：

参数分析之前，进行模型拟合分析。发现模型很好地拟合了数据，χ^2（2）=1.74，p=0.42，平均错误率为 7%。

如果 AC 值显著高于零，说明在 IAT 实验中自动激活成分起到了非常重要的作用。对于昆虫 – 不快乐联结的 AC 值显著大于零，χ^2（1）=7.78，p=0.01。对于花 – 快乐联结的 AC 值也显著大于零，χ^2（1）=58.32，p<0.001。结果说明自动联想激活的确在 IAT 中起到了非常重要的作用。花 – 快乐的联结的 AC 值比昆虫 – 不快乐的联结的 AC 值大，χ^2（1）=9.47，p=0.002。说明 IAT 的确存在两种不同的自动态度。

经检验，D 显著大于零，χ^2（1）=3005.62，p<0.001。说明被试普遍能准备进行刺激归类。G 参数代表了右手猜测偏差。G 值为 0.5，χ^2（1）=0.00，p=1.00。说明猜测完全是随机的。针对概念刺激的 OB 显著高于零，χ^2（1）=4.57，p=0.03。虽然针对属性刺激的 OB 与零的差异处于边缘显著，χ^2（1）=2.39，p=0.12，但是这两个参数之间的差异不显著，χ^2（1）=1.71，p=0.19。

Conrey 等（2005）的内隐过程成分分离研究，从数学模型的角度揭示了 IAT 中自动联想激活对内隐效应起到了非常重要的作用。为 IAT 的心理测量属性提供了很好的证据支持，也为国内外学者广泛使用 IAT 起到了推动作用。

1.2.2.4　IAT 的心理测量属性

判断 IAT 方法是否适于评估个体的心理特点关键要看它是否符合相关

的心理测量学标准以及能否有效预测行为。下面将介绍 IAT 测量的心理测量学属性，尤其是涉及 IAT 测量是否优于直接地自我报告的测量的问题。

信度：

IAT 测量的内部一致性系数一般在 0.70 到 0.90 之间（Hofmann, et al., 2005a; Nosek, et al., 2007），具有良好的心理测量学指标，比其他基于反应时的测量要高很多（Bosson, et al., 2000）。相比较而言，IAT 的再测信度就差一些，大概在 0.56 左右（Nosek, et al., 2007）。再测信度似乎不受再测时间间隔的影响，不管是立刻再测还是间隔 1 年再测（Egloff, Schwerdtfeger, & Schmukle, 2005）。较好的内部一致性与较差的再测信度之间的不一致性说明 IAT 具有某种稳定性和特定场合变异性。目前这种系统的特定场合变异性的来源尚不清楚。

效度：

IAT 与外显测量的相关。有两个针对各种不同内容领域的 IAT 元分析研究（包括自我概念、态度和刻板印象 IAT）显示 IAT 测量与外显自我报告测量之间的相关系数平均值为 0.24（Hofmann, et al., 2005a）和 0.37（Nosek, et al., 2005b）。Nosek 等的数据结果有点高，可能是因为研究的主要是内隐与外显的一致性较高的态度领域；另外，他们使用的是相对感觉温度计量表作为外显测量，这种测量与 IAT 都与个体的情感成分有关。为了更好地分析内隐与外显一致性的调节变量，Hofmann、Gschwendner、Nosek 和 Schmitt（2005b）提出了五因素加工模型：（1）内隐与外显表征的翻译，如表征强度、维度、社会区别性和意识等；（2）外显表征的额外信息整合，如认知需要；（3）外显测量的属性，如社会赞许关注；（4）内隐测量属性，如情境延展性；（5）研究设计因素，如取样偏差、测量一致性等。

IAT 与外显行为测量的相关。元分析通过大量证据显示 IAT 测量具有良好的预测效度（Greenwald, et al., 2009）。有点不同的是，在社会敏感性强的领域，IAT 测量具有比外显测量更高的预测效应，如刻板印象和偏见。相比较而言，在研究品牌偏好或政治态度上，IAT 测量的预测效度比外显测量要小。为了更好地整合内隐与外显测量的预测效度的不同模型，Perugini（2005）区分了三种类型：加法的、乘法的和双重分离模型。三种模型都假定内隐测量具有增值效度，可以增加对行为的预测。加法模型认为内隐和外显测量解释了相关变异的独立部分（2006a, 2006b）。乘法模型认为内隐与外显测量在预测相关行为中起着交互作用（Schröder-Abé, Rudolph, & Schütz, 2007a; Schröder-Abé, Rudolph, Wiesner, & Schütz, 2007b）。双重分离模型认为内隐测量预测自发行为，而外显测量预测控制行为（Egloff & Schmukle, 2002; McConnell & Leibold, 2001）。

以害羞为例，Asendorpf、Banse 和 Mücke（2002）证实了一个完全且显著的双重模型。外显自我报告唯一地预测了受控制的而不是自发的害羞行为；而 IAT 唯一地预测了自发的而不是控制的害羞行为。这个模型很好地显示了 IAT 测量对预测自发行为具有独特的有效性，并且指出了相对应的外显测量的无效性。

IAT 提供了一种了解个体内隐认知差异的独特方法，是外显测量所无法达到的。因此，很多心理学研究人员对 IAT 投注了大量的研究热情。一项大的国际网络项目（http://implicit.harvard.edu）在线提供了包括世界十几种语言的 IAT 实验，为内隐偏好和刻板印象的普遍性提供进一步的证据。

1.2.3 传统 IAT 的变式

1.2.3.1 简式内隐联想测验（Brief Implicit Association Test, 简称 BIAT）

传统 IAT 方法总是将相对的目标类别或属性类别同时呈现在电脑屏幕上，被试需要同时关注所有的目标类别或属性类别。如果让被试只关注其中一组任务，而另一组任务不去关注，这样可能减少被试的加工任务，也能更好地反映概念之间的联系情况。Sriram 和 Greenwald（2009）提出了简式内隐联想测验（BIAT）。

BIAT 要求被试只关注两个类别。每个实验任务之前，屏幕上呈现两个需要被试关注的类别及其样例并要求被试记住这两个类别，并对属于这两个类别的刺激按"焦点"键，对不属于这两个类别的刺激按"非焦点"键。BIAT 只需要两个组块，总共实验试次少于 80 次，比传统 IAT 减少了实验步骤、实验试次和实验所需时间。以饮料内隐偏好为例 Coke-Pepsi/pleasant-（unpleasant），第一组块是 Coke 和 pleasant 为"焦点"，Pepsi 和 unpleasant 为"非焦点"；第二组块是 Coke 和 unpleasant 为"焦点"，Pepsi 和 pleasant 为"非焦点"。计分方法仍采用传统 IAT 的 D 分数法（Greenwald, et al., 2003a）。表 2 是该实验程序的基本模式。

为了防止实验过程中因被试不熟悉实验操作方法而产生较多错误，在正式的 BIAT 实验前先安排一个练习任务。该任务中使用不具有社会意义的概念类别。如"焦点"词为 curved（circle, oval, ring, ball）和 bird（eagle, swan, parrot, duck），"非焦点"词为 angled（triangle, square, block, pyramid）和 mammal（elephant, bison, deer, cow）。只包含 32 个实验试次的一个组块。

表 2　Coke-Pepsi/pleasant-（unpleasant）BIAT 的程序模式

步骤	实验次数	功能	"焦点"键	"非焦点"键
1	20	第一个联合任务	Coke 和 pleasant	Pepsi 和 unpleasant
2	20	第二个联合任务	Coke 和 unpleasant	Pepsi 和 pleasant
3	20	重复步骤1	Coke 和 pleasant	Pepsi 和 unpleasant
4	40	重复步骤2	Coke 和 unpleasant	Pepsi 和 pleasant

Sriram 和 Greenwald（2009）通过四个实验探究了 BIAT 的心理测量属性。实验 1 探讨了候选人态度 BIAT（Kerry - Bush/good -（bad）；Bush - Kerry/bad -（good）；Female - male/self -（other）；Male - female/other -（self））

以及性别角色认同 BIAT。研究中分别选择了不同的属性词作为"焦点"词，结果发现使用 good 或 self 作为"焦点"词比 bad 或 other 作为"焦点"词具有更高的内部一致性系数、再测信度和内隐与外显的相关系数。因此，good 和 self 更适合作为"焦点"词。实验 2 将 BIAT 与传统 IAT 进行比较，发现 BIAT 具有与传统 IAT 相同的心理测量学属性。实验 3 进行了 6 个 BIAT，包括两个认同 BIAT（Female‐male/self‐<other>；Asian‐American/self‐<other>）、两个态度 BIAT（Kerry‐Bush/good‐<bad>；Coke‐Pepsi/pleasant‐<unpleasant>）和两个刻板印象 BIAT（African American‐European American/weapons‐<gadgets>；Male‐female/science‐<arts>），发现都具有良好的心理测量学属性。实验 4 重点研究了刻板印象 BIAT，包括年龄刻板印象 BIAT（Young‐old/able‐<disabled>；Old‐young/disabled‐<able>）、性别刻板印象 BIAT（Male‐female/math‐<arts>；Female‐male/arts‐<math>）和种族刻板印象 BIAT（Black‐White/weapons‐<gadgets>；White‐Black/gadgets‐<weapons>）。四个实验证明 BIAT 在传统 IAT 所有成功使用的领域都具有相似的有效性。

BIAT 具有与传统 IAT 一致的心理测量学属性，同时减少了实验步骤，缩减了实验次数，是对传统 IAT 的进一步完善。另外，关于 BIAT 也存在一些尚未解决的问题：首先，相比于传统 IAT，BIAT 程序中间隔的重复测试是否增加了再测信度？其次，BIAT 是否可以用来测量多个目标对象的内隐态度？另外，BIAT 是否可以用来测量中立态度？最后，是否存在有效的以负向属性为"焦点"的 BIAT 内隐态度测量？

1.2.3.2 单一属性的内隐联想测验（Single Attribute Implicit Association Test，简称 SA‐IAT）

传统 IAT 总是使用一对意思相反的属性类别（如 pleasant/unpleasant），

如果只存在一个属性类别时，传统 IAT 将无法实现。Penke、Eichstaedt 和 Asendorpf（2006）提出了单一属性的内隐联想测验（SA–IAT）。他们以内隐社会性行为为例进行研究。目标类别是 stranger 和 partner，属性类别只有 sex。实验步骤类似于 Wigboldus、Holland 和 van Knippenberg（2005）单靶内隐联想测验（ST–IAT），包括 5 个步骤。具体实验程序模式见表 3。

表 3　内隐社会性行为 SA–IAT 的基本程序模式

步骤	实验次数	功能	左键	右键
1	40	练习	stranger	partner
2	40	练习	stranger	partner, sex
3	80	测试	stranger	partner, sex
4	40	练习	stranger, sex	partner
5	80	测试	stranger, sex	partner

研究结果显示，SA–IAT 具有良好的信度，并与外显测量具有较高的相关；相比较而言，IAT 的测量只有良好的信度，而与外显测量只有较低的相关。

SA–IAT 虽然在评价只有单一属性的内隐态度时具有优势，但得出的内隐效应也是具有相对性的。如 stranger 与 sex 的联结强度是相对于 partner 与 sex 的联结而言的，而不能反映出 stranger 与 sex 的总体联结强度。因此，未来需要进一步研究单一目标与单一属性的内隐联想测验。

1.2.3.3　单一组块的内隐联想测验（Single Block Implicit Association Test, 简称 SB–IAT）

随着 IAT 的应用，人们发现潜藏在 IAT 效应背后的心理加工过程依然存在一些模糊的地方（Wentura & Rothermund, 2007）。就连 IAT 的提出者也承认 IAT 测量的仅仅是目标类别之间的相对态度（Greenwald, et al., 1998）。而且，IAT 的组块结构，具体地说，就是设定两个不同的步骤（相容任务和不相容任务），可能使 IAT 的内隐效应的解释更加模糊。因为，如果这样安排实验程序的话，IAT 内隐效应里可能包含了组块顺序效应。

被试已经在相容任务中产生了，甚至是增强了概念之间的联系，然后再进行不相容任务，两个任务之间的反应时之差可能来自于先前任务的定势。Teige-Mocigemba、Klauer 和 Rothermund（2008）提出了单一组块的内隐联想测验（SB-IAT）。该方法取消了传统 IAT 的程序结构模式，将相容任务与不相容任务整合在一个组块里，刺激在两个任务之间随机交替出现。

在实验程序里，将屏幕分成上下两个部分，上半部分是相容任务，下半部分是不相容任务，具体程序模式见表4。

Teige-Mocigemba 等进行了两个研究。研究 1 使用了花 – 昆虫 SB-IAT、任务转换能力 SB-IAT 和几何 SB-IAT。结果表明，实验的内隐效应有所减少，但依然显著。三个 SB-IAT 之间是零相关，表明特定方法变异量的显著减少。研究 2 考察了 SB-IAT 的心理测量学属性。政治态度 SB-IAT 显示出可接受的内部一致性系数以及对自由和保守选民的区分度，同时与外显态度测量相关显著。该结果与传统 IAT 结果一致。总之，SB-IAT 在减少特定方法变异的同时保持了与传统 IAT 相一致的心理测量学属性。

SB-IAT 虽然相比传统 IAT 有了一些改进，但也存在问题。SB-IAT 相对传统 IAT 任务难度要大。对于大学生被试来说可能不会影响正确率和反应速度，但对于其他被试可能会产生较高的错误率或较长的反应时。为了有助于被试反应，可以在刺激出现的地方呈现一个定位的星号。未来研究需要弄清究竟在什么情况下 SB-IAT 优于其他反应时实验。

表 4 SB-IAT 的基本程序模式

步骤	实验次数	功能	左键	右键
1	26	上半屏幕的目标区分	insect +	flower
2	26	下半屏幕的目标区分	flower +	insect
3	26	上下两个屏幕的联合目标区分	insect flower	flower insect

续表 4

步骤	实验次数	功能	左键	右键
4	26	上下两个屏幕的属性区分	negative	positive
5	52	上下两个屏幕的目标和属性联合区分	insect negative flower	flower positive insect

1.2.4 评价单一态度对象的内隐联想测验

对于传统 IAT 存在的疑问，其中关注比较多的问题是传统 IAT 测量的仅仅是相对内隐态度。比如在种族 IAT 中（黑人 – 白人 IAT），当结果显示黑人与消极词联结更紧密时，其可能的情况有：（1）对黑人和白人都持积极态度，只是相比较而言，对黑人的积极态度稍微少点；（2）对黑人持中性态度，对白人持积极态度；（3）对黑人持负面态度，对白人持积极态度。这三种情况都可能存在，但无法判断被试究竟对黑人持正面还是负面态度，抑或是中性态度。因此，要考察被试对某一对象的绝对态度（或整体态度）时，传统 IAT 就无法实现。另外，当不存在相对的目标概念时，传统 IAT 也无法实现内隐测量。如网瘾、攻击、股票、吸烟、饮酒等。

近几年，一些学者发展出若干评估单一态度对象的内隐测验方法，如命中联系作业（Go/No–go Association Task, 简称 GNAT）、外部情感西蒙作业（Extrinsic Affective Simon Task, 简称 EAST）、单靶内隐联想测验（Single Target Implicit Association Test, 简称 ST–IAT）和单类内隐联想测验（Single Category Implicit Association Test, 简称 SC–IAT）。

1.2.4.1 命中联系作业（Go/No–go Association Task, 简称 GNAT）

Nosek 和 Banaji（2001）借鉴信号检测论的思想发展出了 GNAT 测验。被试目标概念与属性概念之间的联系程度通过被试在噪音（分心刺激）中分辨信号刺激的能力来判定。以 fruit–insect GNAT 为例，实验分为两个步骤：第一步，信号刺激为 fruit 和 good，分心刺激为 insect 和 bad。当屏幕中呈现信号刺激就"go"（按空格），当出现其他刺激时就"no-go"（不按键）；第二步，信号刺激为 fruit 和 bad，分心刺激为 bugs 和 good。当出现信号刺激就"go"，当出现其他刺激就"no-go"。在每个步骤中计算信号辨别的感受性 d'，然后将两个步骤的 d' 进行比较，两者的差异反映了被试 fruit 与 good 之间联系紧密程度。具体程序模式见表5。

表 5　fruit-insect GNAT 的基本程序模式

实验步骤	目标（信号） 按空格键（go）	分散刺激（噪音） 不按键（no-go）
1	fruit+good	bugs+bad
2	fruit+bad	bugs+good
3	bugs+good	fruit+bad
4	bugs+bad	fruit+good

同时，Nosek 等比较了三种刺激类别条件下的感受性差异：单一比较类别（Single-Category）和只有属性比较类别（Attribute-only）。在单一比较类别（Single-Category）中，存在与 fruit 相比较的明确的分散刺激 bugs。在高级别比较类别（Superordinate）中，存在与 fruit 相比较的比 fruit 更高级别类型的分散刺激 food。在只有属性比较类别（Attribute-only）中，只有属性比较类别，没有与 fruit 相比较的目标对象。以上三种情况的属性类别都是 good 和 bad。研究结果显示，三种情况下都表明 fruit 具有积极的自动态度，bugs 具有消极的自动态度。但是不同条件下的效应量有显著差别（$F(2, 41)=10.2, p=0.0003$）。进一步分析发现，单一比较类别（Single-Category）条件下的效应量最大，其次是高级别比较类别（Superordinate），效应量最小的是只有属性比较类别（Attribute-only）。说明不同刺激条件下产生的效应量是显著不同的。

那么究竟在何种情况下使用何种刺激条件呢？Nosek 等认为应该取决于态度对象的性质。当态度对象具有明确相反类别时（如男性和女性），适合采用单一比较类别（Single-Category）程序模式。当态度对象隶属于一个比较大的目标类别时（如本田隶属于汽车品牌），适合采用高级别比较类别（Superordinate）程序模式。当态度对象没有一个明显的比较类别时（如对吸烟的态度），适合采用只有属性比较类别。

GNAT的特点在于没有采用传统IAT的反应时范式，而是采用反应的准确率来计算。借鉴信号检测理论的方法来评估内隐态度是一大特色。但是，在GNAT的实验范式中，单一比较类别（Single-Category）和高级别比较类别（Superordinate）都存在比较类别，即所测量的内隐态度是依赖于比较对象的。只有属性比较类别（Attribute-only）没有比较对象，符合评价单一目标对象内隐态度的要求。另外，GNAT的内部一致性系数不太理想，平均分半信度只有0.20。研究者提出可以通过增加实验次数和利用反应时计算内隐效应来提高内部一致性系数。

1.2.4.2 外部情感西蒙作业（Extrinsic Affective Simon Task, 简称EAST）

De Houwer（2003b）结合了IAT和Houewer提出的情绪性西蒙作业的特点，在IAT基础上发展了EAST。该方法将相容任务与不相容任务整合到一个组块里，比传统IAT具有优势。

实验中，有5个积极的和5个消极的名词，被呈现为蓝色或绿色；有5个积极的和5个消极的形容词，被呈现为白色。被试对于白色的词根据其表达的意思归类。如果是积极的意思就按P键，如果是消极的意思就按Q键。对于有颜色的词语，被试根据词语的颜色归类。进行被试间平衡：一半被试，如果词语是蓝色的就按P键，如果词语是绿色的，就按Q键；另一半被试，如果词语是蓝色的就按Q键，如果词语是绿色的，就按P键。整个实验包括两个练习组块（各20个试次）和四个正式测试组块（各30个试次）。实验中安排4个正式测试是为了考察被试反应时和错误率的变化。

具体程序模式见表 6。

De Houwer 采用 EAST 范式考察了大学生对自己名字（Self-Name）、他人名字（Other-Name）、花（Flowers）、昆虫（Insect）和字母符号（XXXXX）的内隐态度。在每个实验组块里包含 30 个实验试次，其中每个有颜色的词语呈现 4 次（每种颜色两次），10 个积极和消极的形容词各呈现 1 次。结果显示，对自己名字有显著正分数（$t(48)$=2.78, p=0.008, M=40 ms, d=0.32）。对昆虫有显著负分数（$t(48)$=3.79, p=0.001, M=-68 ms, d=0.52）。对他人名字有边缘显著负分数（$t(48)$=1.79, p=0.08, M=-30 ms, d=0.23）。对于花和字母字符没有显著高于零（M=13 ms, d=0.17; M=0 ms, d=0.02）。

EAST 的主要特色在于：（1）将概念类别以颜色的方式进行呈现。这样积极的概念词既有蓝色的，又有红色的。那么一个组块中就会同时出现相容任务和不相容任务，并且这两个任务是随机呈现的。（2）同时使用反应时和错误率来进行数据处理，能够对数据进行充分挖掘。（3）可以评价单一目标对象的内隐态度，以及评价多个目标对象的内隐态度。

研究结果显示，积极的名词与积极的属性词联结反应时更小，错误率更低；反之，消极的名词与积极的属性词联结反应时更长，错误率更高。同时，EAST 的内隐效应量比传统 IAT 和 GNAT 要小。另外，EAST 的内部一致性系数并不高，从 -0.21 到 0.55，平均值为 0.25，说明该方法在评估内隐态度中没有足够可靠的信度。研究者认为可以通过增加实验次数等方法来提高内部一致性系数。

EAST 实验需要被试进行词义辨别、单词颜色辨别以及按键辨别等任务，这样可能会增加被试操作的难度，从而增加反应时和反应错误率。

表 6　EAST 的基本程序模式

步骤	实验次数	功能	Q 键	P 键
1	20	练习	白色消极的	白色积极的
2	20	练习	绿色的	蓝色的
3	30	测试	白色消极的 + 绿色的	白色积极的 + 蓝色的
4	30	测试	白色消极的 + 绿色的	白色积极的 + 蓝色的
5	30	测试	白色消极的 + 绿色的	白色积极的 + 蓝色的
6	30	测试	白色消极的 + 绿色的	白色积极的 + 蓝色的

1.2.4.3　单靶内隐联想测验（Single Target Implicit Association Test, 简称 ST-IAT）

Wigboldus、Holland 和 van Knippenberg（2005）提出了 ST-IAT，该方法只包括一个目标类别和两个相对的属性类别。他们在研究中考察了伊斯兰教与积极、消极词之间的联系，而没有使用相对的目标类别基督教。实验包括 3 个步骤：（1）属性类别的区分，出现积极词按左键，消极词按右键；（2）联合任务，出现目标类别与积极词按左键，出现消极词按右键；（3）相反联合任务，出现积极词按左键，出现目标类别与消极词按右键（Bluemke & Friese, 2008）。具体程序模式见表 7。

表 7　ST-IAT 的基本程序模式

步骤	实验次数	功能	左键	右键
1	20	练习	积极的	消极的
2	40	测试	伊斯兰教 + 积极的	消极的
3	40	测试	积极的	伊斯兰教 + 消极的

ST-IAT 方法也可以评价多个目标对象的内隐态度。Bluemke 和 Friese（2008）首先利用 ST-IAT 测量了选民对德国 5 个政党的内隐偏好。研究结果显示，5 个政党的系列位置不影响实验结果。ST-IAT 能够独立评估每个政党的内隐态度，具有区分效度。

ST-IAT 方法对于正式的测试并没有给予一个先前的练习阶段，容易导致正式测试中错误率增多以及反应时增加，并且内部一致性较低。

1.2.4.4　单类内隐联想测验（Single Category Implicit Association Test, 简称 SC-IAT）

Karpinski 和 Steinman（2006）提出对 IAT 进行修正，提出了 SC-IAT，并用 SC-IAT 测量内隐性别认同和内隐自尊。以内隐自尊为例，实验中只出现一个概念词"我"。实验包括 4 个步骤，步骤 1 和步骤 3 是练习，各 24 次；步骤 2 和步骤 4 是正式测试，各 72 次。先进行相容任务匹配（如我 + 积极在左，消极在右），再进行不相容任务匹配（如积极在左，我 + 消极在右）。具体程序模式见表 8。

计分方法上采用了最新的 D 分数法，并且对被试的错误反应替换成其所属组块的正确反应时的平均值加上 400ms 的惩罚。Karpinski 等的研究显示 SC-IAT 具有显著的内隐效应，内部一致性系数从 0.55 到 0.85，与以往 IAT 研究的内部一致性系数相似（Greenwald, et al., 2003a; Nosek, et al., 2005b），比其他内隐测量方法要高（Bosson, et al., 2000; Olson & Fazio, 2003）。

表 8　自尊 SC-IAT 的基本程序模式

步骤	实验次数	功能	左键	右键
1	24	练习	积极 + 我	消极
2	72	测试	积极 + 我	消极
3	24	练习	积极	消极 + 我
4	72	测试	积极	消极 + 我

在目前已经提出的几种评价单一目标类别态度的内隐测验中，SC-IAT 具有较好的内部一致性系数，操作程序简单，是测量单一目标对象内隐态度的合适工具。

总结：

对于目前国内外使用的四种评价单一目标对象的内隐测量方法进行综合比较，发现各有特点。以下是对这四种方法的总结。

表 9　四种评价单一目标对象的内隐测量方法的比较

	来源	优点	缺点
GNAT	Nosek & Banaji（2001）	以反应准确率来计算；借鉴信号检测理论的思想，计算辨别力 d'	平均分半信度为 0.20
EAST	De Houwer（2003b）	概念类别以颜色的方式进行呈现；可以评价多个目标对象的内隐态度；使用反应时和错误率来进行数据处理；一个组块中就会同时出现相容任务和不相容任务，并且是随机的	内部一致性系数并不高，从 −0.21 到 0.55，平均值为 0.25；被试要进行词义辨别、单词颜色辨别以及按键辨别等任务，难度较大
ST-IAT	Wigboldus, Holland & van Knippenberg（2005）	可以评价多个目标对象的内隐态度	正式的测试并没有给予一个先前的练习阶段，并且内部一致性较低
SC-IAT	Karpinski & Steinman（2006）	内部一致性系数从 0.55 到 0.85，与以往 IAT 研究的内部一致性系数相似，比其他内隐测量方法要高	国内外使用不多

根据以上分析，在评价单一目标对象的内隐测量方法中，单类内隐联想测验（SC-IAT）具有比较明显的优势。

1.2.5　inquisit 程序介绍

在国外，不论是传统的 IAT 还是 SC-IAT，都采用 Millisecond Software 公司研发的 inquisit 软件进行程序编制。Inquisit 是目前最流行的心理学实验系统和常用心理学统计软件之一，现在被五大洲超过 400 个研究所使用。Inquisit 是全世界行为科学家选择用于创建丰富调查和量表，信号检验测量，内隐态度测验，以及认知、注意和记忆等方面实验的工具。从结构和复杂性来看，在 Inquisit 中定义实验对象如同编辑 HTML 文件一样轻松。因此，本研究都采用了 Inquisit 编制内隐实验程序（冯成志，2009）。

Inquisit 软件可以从官方网站（www.millisecond.com）上下载，但是官方网站上并没有 SC-IAT 的程序。因此，本研究需要借鉴 IAT 的程序脚本，自行编制 SC-IAT 程序。另外，官方网站上的 IAT 程序虽然能够将 D 值的计算整合到程序里，但仔细查看源程序发现，并没有严格按照 Greenwald 等（2003a）提出的 D 分数算法进行计算。删除错误率高于 20% 的实验数据。单次实验反应时高于 10000ms，低于 400ms 的要删除。错误反应的反应时要进行修改：IAT 实验将错误反应时替换成其所属组块的正确反应的平均反应时加上 600ms 的惩罚。内隐效应计分方法统一采用 D 分数法。其计算方法是用被试不相容任务的平均反应时减去相容任务的平均反应时，再用这个差除以该被试所有正确反应的反应时的标准差。他们通过对 Election 2000 IAT、Gender-Science IAT、Race IAT 和 Age IAT 进行多种算法分析，发现改进的分数算法相比传统算法在 5 个方面具有优势：（1）内隐与外显之间的相关更高；（2）受个体反应时差异的干扰更小；（3）受先前 IAT 经验的影响更小；（4）产生更大的 IAT 效应；（5）内隐对外显的路径系数更高。官网上的程序里只考虑了对反应时大于 10000ms 进行剔除，并没有其他处理了。尤其是对错误反应时进行增加惩罚反应时处理并没有在程序中体现。因此，本研究需要对官网下载的 IAT 程序进行适当修正，然后人工进行数据筛选并计算 D 值。下面是官网上的 Self‑esteem IAT 程序节选，程序中相关语句做了批注。

Implicit Attitude Test （IAT）

This sample IAT can be easily adapted to different target categories and attributes. To change the categories, you need only change the stimulus items and labels immediately below this line.

```
<item attributeAlabel>
/1 = "Good"
```

</item>

<item attributeA>

/1 = "Marvelous"

/2 = "Superb"

/3 = "Pleasure"

/4 = "Beautiful"

/5 = "Joyful"

/6 = "Glorious"

/7 = "Lovely"

/8 = "Wonderful"

</item>

<item attributeBlabel>

/1 = "Bad"

</item>

<item attributeB>

/1 = "Tragic"

/2 = "Horrible"

/3 = "Agony"

/4 = "Painful"

/5 = "Terrible"

/6 = "Awful"

定义概念类别
与属性类别

```
/7 = "Humiliate"

/8 = "Nasty"

</item>


<item targetAlabel>

/1 = "Me"

</item>


<item targetA>

/1 = "Me"

/2 = "My"

/3 = "Mine"

/4 = "Self"

/5 = "Myself"

/6 = "Me"

/7 = "Me"

/8 = "Myself"

</item>


<item targetBlabel>

/1 = "Others"

</item>


<item targetB>
```

/1 = "They"

/2 = "Them"

/3 = "Their"

/4 = "Others"

/5 = "Theirs"

/6 = "They"

/7 = "Them"

/8 = "Others"

</item>

………

………

………

以下语句仅对反应时大于 10000ms 的数据进行了剔除

<block compatibletest1>

/ bgstim =（targetAleft, orleft, attributeAleftmixed, targetBright, orright, attributeBrightmixed）

/ trials = [1=instructions;

3,5,7,9,11,13,15,17,19,21= random（targetAleft, targetBright）;

2,4,6,8,10,12,14,16,18,20 = random（attributeA, attributeB）]

/ errormessage = true（error,200）

/ responsemode = correct

/ ontrialend = [if（block.compatibletest1.latency <= 10000 && block. compatibletest1.currenttrialnumber != 1）values.sum1a = values.sum1a + block.

compatibletest1.latency]

　/ ontrialend = [if（block.compatibletest1.latency <= 10000 && block.compatibletest1.currenttrialnumber != 1 ） values.n1a = values.n1a + 1]

　/ ontrialend = [if（block.compatibletest1.latency <= 10000 && block.compatibletest1.currenttrialnumber != 1 ） values.ss1a = values.ss1a +（block.compatibletest1.latency * block.compatibletest1.latency）]

　</block>

<block compatibletest2>

　/ bgstim =（targetAleft, orleft, attributeAleftmixed, targetBright, orright, attributeBrightmixed）

　/ trials = [

　　2,4,6,8,10,12,14,16,18,20,22,24,26,28,30,32,34,36,38,40 = random（targetAleft, targetBright）;

　　1,3,5,7,9,11,13,15,17,19,21,23,25,27,29,31,33,35,37,39 = random（attributeA, attributeB）]

　/ errormessage = true（error,200）

　/ responsemode = correct

　/ ontrialend = [if（block.compatibletest2.latency <= 10000） values.sum1b = values.sum1b + block.compatibletest2.latency]

　/ ontrialend = [if（block.compatibletest2.latency <= 10000） values.n1b = values.n1b + 1]

　/ ontrialend = [if（block.compatibletest2.latency <= 10000） values.ss1b = values.ss1b +（block.compatibletest2.latency * block.compatibletest2.latency）]

```
</block>

<block incompatibletest1>
/ bgstim = （targetBleft, orleft, attributeAleftmixed, targetAright, orright,
attributeBrightmixed）
/ trials = [1=instructions;
  3,5,7,9,11,13,15,17,19,21 = random（targetBleft, targetAright）;
  2,4,6,8,10,12,14,16,18,20 = random（attributeA, attributeB）]
/ errormessage = true（error,200）
/ responsemode = correct
/ ontrialend = [if（block.incompatibletest1.latency <= 10000 && block.
incompatibletest1.currenttrialnumber != 1）values.sum2a = values.sum2a +
block.incompatibletest1.latency]
/ ontrialend = [if（block.incompatibletest1.latency <= 10000 && block.
incompatibletest1.currenttrialnumber != 1 ）values.n2a = values.n2a + 1]
/ ontrialend = [if（block.incompatibletest1.latency <= 10000 && block.
incompatibletest1.currenttrialnumber != 1 ）values.ss2a = values.ss2a +（block.
incompatibletest1.latency * block.incompatibletest1.latency）]
</block>

<block incompatibletest2>
/ bgstim = （targetBleft, orleft, attributeAleftmixed, targetAright, orright,
attributeBrightmixed）
/ trials = [
```

2,4,6,8,10,12,14,16,18,20,22,24,26,28,30,32,34,36,38,40 = random

（targetBleft, targetAright）；

1,3,5,7,9,11,13,15,17,19,21,23,25,27,29,31,33,35,37,39 = random

（attributeA, attributeB）]

/ errormessage = true（error,200）

/ responsemode = correct

/ ontrialend = [if（block.incompatibletest2.latency <= 10000）values.sum2b = values.sum2b + block.incompatibletest2.latency]

/ ontrialend = [if（block.incompatibletest2.latency <= 10000）values.n2b = values.n2b + 1]

/ ontrialend = [if（block.incompatibletest2.latency <= 10000）values.ss2b = values.ss2b +（block.incompatibletest2.latency * block.incompatibletest2.latency）]

</block>

以下语句没有对错误反应进行增加惩罚反应时处理

………

………

………

<expressions>

/ m1a = values.sum1a / values.n1a

/ m2a = values.sum2a / values.n2a

/ m1b = values.sum1b / values.n1b

/ m2b = values.sum2b / values.n2b

```
/ sd1a = sqrt（（values.ss1a –（values.n1a *（expressions.m1a *
expressions.m1a）））/（values.n1a – 1））

/ sd2a = sqrt（（values.ss2a –（values.n2a *（expressions.m2a *
expressions.m2a）））/（values.n2a – 1））

/ sd1b = sqrt（（values.ss1b –（values.n1b *（expressions.m1b *
expressions.m1b）））/（values.n1b – 1））

/ sd2b = sqrt（（values.ss2b –（values.n2b *（expressions.m2b *
expressions.m2b）））/（values.n2b – 1））

/ sda = sqrt（（（（values.n1a – 1）*（expressions.sd1a * expressions.
sd1a）+（values.n2a – 1）*（expressions.sd2a * expressions.sd2a））+（（values.
n1a + values.n2a）*（（expressions.m1a – expressions.m2a）*（expressions.
m1a – expressions.m2a）））/ 4 ））/（values.n1a + values.n2a – 1 ））

/ sdb = sqrt（（（（values.n1b – 1）*（expressions.sd1b * expressions.
sd1b）+（values.n2b – 1）*（expressions.sd2b * expressions.sd2b））+（（values.
n1b + values.n2b）*（（expressions.m1b – expressions.m2b）*（expressions.
m1b – expressions.m2b）））/ 4 ））/（values.n1b + values.n2b – 1 ））

/ da =（m2a – m1a）/ expressions.sda

/ db =（m2b – m1b）/ expressions.sdb

/ d =（expressions.da + expressions.db）/ 2

/ preferred = "unknown"

/ notpreferred = "unknown"

</expressions>
```

针对没有现成的 SC-IAT 源程序，以及官网上的传统 IAT 程序存在计算方法上的不足，研究者需要利用 inquisit 3 进行编制 SC-IAT 程序，以及对 IAT 进行适当调整（删除 D 分数自动计算过程，将英文指导语变成中文，字体大小、背景颜色等进行了调整）。编制出来的实验程序在正式测试之前，均要进行程序的可用性测试（Usability Test）（Steve Krug, 2006, 2010）。可用性测试是确保编制的程序能够使被试正确理解程序的指导语、操作步骤，确保实验的顺畅进行，也是保证实验得到良好信效度的重要途径。

1.3 问题提出

测量内隐社会认知的常见方法是使用内隐联想测验（Implicit Association Test，简称 IAT）。其原理是观念中联系紧密的概念，在词语分类任务中，概念词与属性词的联结反应时更短，反之，反应时更长。这种方法可以较好地测量个体的内隐态度（Greenwald, et al., 1998）。自从 IAT 提出以后，出现了大量的理论和应用研究。IAT 是一种基于反应时的测验方法，它的内部一致性比自我报告的外显测量要稍稍低一些（Buchner & Wippich, 2000; Perruchet & Baveux, 1989），但总体上是可以接受的，平均值在 0.70 到 0.90 之间（Hofmann, et al., 2005a）。再测信度不是很好，在 0.56 左右（Nosek, et al., 2007）。IAT 在某些领域比通过外显测量的态度对行为更有预测力（Greenwald, et al., 2009），包括刻板印象和偏见（Ashburn–Nardo, et al., 2003; Jellison, et al., 2004; Neumann, et al., 2004; Rudman, et al., 2002; Sabin, et al., 2009）以及与健康相关的行为，如饮食偏好（Maison, et al., 2001; Perugini, 2005）、饮酒（Ostafin, et al., 2008; Palfai & Ostafin, 2003）和吸烟行为（Andrews, et al., 2010; Chassin, et al., 2002; Swanson, et al., 2001）。在我国也出现了大量的关于 IAT 的理论和应用的研究（蔡华俭, 2003; 高旭成, 等, 2003; 梁宁建, 等, 2008; 杨治良, 邹庆宇, 2007; 佐斌, 刘旦, 2006）。

尽管经典 IAT 具有很多优势，但是很多学者提出了质疑。Brendl、

Markman 和 Messner（2001）利用随机漫步模型分析了被试在 IAT 任务中反应标准的变动，发现被试在不相容任务中将反应阈限提高，是由认知难度导致的，跟内隐态度无关。IAT 测量的不一定是个体的倾向性，有可能是社会文化中两个概念的联结强度（Karpinski & Hilton, 2001）。Rothermund 和 Wentura（2001）提出了"图像—背景非对称"理论，认为在分类任务中决定反应速度关键在于样例刺激自身的"突显性"。IAT 测量的仅仅是相对态度，其结果依赖于比较对象（Greenwald & Farnham, 2000）。但对于只需要测量单一态度对象时，IAT 则无法实现（Karpinski, 2004）。

针对经典 IAT 只能测量相对态度的问题，很多学者提出了评价单一态度的内隐测验，包括命中联系作业 GNAT（Go/No-go Association Task）、外部情感西蒙作业 EAST（Extrinsic Affective Simon Task）、单靶内隐联想测验 ST-IAT（Single Target Implicit Association Test）和单类内隐联想测验 SC-IAT（Single Category Implicit Association Test）等（温芳芳，佐斌，2007）。GNAT 吸收了信号检测论的思想，从噪音刺激中分辨信号刺激（Nosek & Banaji, 2001）。EAST 结合了 IAT 和 De Houwer 提出的情绪性西蒙作业的特点（De Houwer, 2003b）。ST-IAT 是对 IAT 的修正，包括一个只有积极的和消极的靶子词的初始的练习阶段，正式测试阶段只有一个概念词，每个阶段的靶子词数目较少，但可以将多个态度对象整合到一个实验里（Bluemke & Friese, 2008; Wigboldus, et al., 2005）。SC-IAT 是 Karpinski 和 Steinman（2006）提出的用来测量单一态度对象与不同属性词之间的联结强度的内隐测验方法。他用 SC-IAT 测量内隐自尊。实验中只出现一个概念词"我"。实验包括 4 个步骤，步骤 1 和步骤 3 是练习，各 24 次；步骤 2 和步骤 4 是正式测试，各 72 次。先进行相容任务匹配（我 + 积极在左，消极在右），再进行不相容任务匹配（积极在左，我 + 消极在右）。

Karpinski的研究显示SC-IAT内隐效应显著,内部一致性系数从0.55到0.85,与以往IAT研究的内部一致性系数相似(Greenwald, et al., 2003a; Nosek, et al., 2005b),比其他内隐测量方法要高(Bosson, et al., 2000; De Houwer, 2003b; Nosek & Banaji, 2001; Olson & Fazio, 2003; Teige, et al., 2004)。当态度对象只有一个,很难找到与之相对的概念时;或者研究者想知道被试对每个态度对象的具体态度时,评价单一态度对象的内隐测验方法的优势就体现出来了。

1.3.1 以往研究不足

1.3.1.1 评价单一对象的内隐联想测验重视不够

自从IAT提出以后,大量学者使用IAT测量内隐社会认知,涉及领域广泛。而评价单一对象的内隐联想测验受重视不够。用google学术搜索查找文章中出现Implicit Association Test的数量有7100多篇,而文章中出现Go/No-go的有4500多篇,Extrinsic Affective Simon Task有503篇,Single Target Implicit Association Test有35篇,Single Category Implicit Association Test有206篇。由此可见,评价单一对象的内隐联想测验受重视不够。尤其是SC-IAT仅仅只有不到3%。继Karpinski等提出并使用SC-IAT之后,有少量研究者开始尝试使用该方法。如Dohle、Keller和Siegrist(2010)采用SC-IAT测量了被试对各种灾难的内隐态度。Lebens等(2011)采用SC-IAT测量了85名被试对高脂肪食物的内隐态度。O'Connor、Lopez-Vergara和Colder(2012)采用SC-IAT测量了378名10到12岁儿童的内隐物质滥用,包括酒精SC-IAT和香烟SC-IAT。我国学者也开始了对SC-IAT的研究(艾传国,佐斌,2011a, 2011b; 魏谨,佐斌,温芳芳,杨晓,2009)。我国学者王晓刚、黄希庭等(2012)采用SC-IAT测量了大学生对心理疾病的内隐污名,包括负面认知、负面情感和歧视倾向三个方面,发现相对正面描述词，大学生对心理疾病与负面描述词联系更紧密，说明大学生对心理疾病存在内隐污名。该研究是近年来 SC-IAT 在内隐认知领域中新的应用。已有研究显示，在目前已经提出的几种评价单一目标类别态度的内隐测验中，SC-IAT 具有显著的内隐效应，内部一致性系数从 0.55 到 0.85，与以往 IAT 研究的内部一致性系数相似（Greenwald, et al., 2003a; Nosek, et al., 2005b），比其他内隐测量方法要高（Bosson, et al., 2000; Olson & Fazio, 2003）。同时，操作程序简单，是测量单一目标对象内隐态度的合适工具。因此，在我国研究 SC-IAT 是非常必要的。

1.3.1.2 单类内隐联想测验的特点尚未解释清楚

虽然，SC-IAT 是从传统 IAT 中发展演变过来的，但在形式上多少还是存在差异。那么它是否具有与传统 IAT 一致的特点呢？SC-IAT 测得的内隐效应是否是研究所期待的自动联想激活成分？它究竟测量的是什么方面的内隐态度？它是否存在组块顺序效应，从而干扰内隐效应？外显诱导信息是否会影响它的内隐效应？这些问题需要得到澄清。

1.3.1.3 单类内隐联想测验自身尚有发展的空间

虽然 SC-IAT 能弥补传统 IAT 只能测量相对内隐态度的缺陷，也具有其他评价单一对象内隐态度方法的优势，但它也存在一些问题，有待进一步完善。如能否测量多个对象的内隐态度，以及能否将相容任务和不相容任务整合到一个组块里等问题都有待进一步发掘。

1.3.2 拟解决问题

较为系统地研究 SC-IAT 的特点，包括内隐加工过程分离、组块顺序效应、内隐实验顺序效应以及其与传统 IAT 相比较的独特特点；并结合群体偏爱理论探讨 SC-IAT 在内隐群体偏爱中的应用，以及结合认知失调理论探讨 SC-IAT 在产品品牌内隐偏好中的应用；最后对 SC-IAT 进行了发展，利用 SC-IAT 评估多个目标对象的内隐态度以及设计并应用单一组块的 SC-IAT 测量方法，考察了这些新的方法的可行性，为 SC-IAT 在我国的应用和发展提供实证依据。

1.3.3 研究意义

我国内隐社会认知领域用得较多的是传统 IAT，关于评估单一态度对象的内隐研究很少，尤其是关于西方学者提出的形式简单且信效度较高的 SC-IAT 的研究很少涉及。同时对于 SC-IAT 自身的特点认识还不够，并且将 SC-IAT 应用于群体偏爱和产品偏爱的研究很少。另外，SC-IAT 还有进一步发展的空间，如评估多个目标对象的内隐态度以及进一步改进为单一组块的 SC-IAT 等。因此，本研究有助于弥补国内内隐社会认知领域中方法的不足，为我国内隐社会认知领域提供方法上的补充，并为 SC-IAT 的应用和发展提供理论和实证依据。

1.4 研究总体设计

以下是研究的总体框架图：

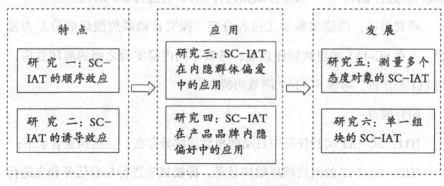

图 3 研究总体框架图

单类内隐联想测验的特点部分包括研究一和研究二，主要探讨 SC-IAT 的顺序效应和诱导效应，为后面的研究打下理论基础。如果没有研究一和研究二的相关效应研究，后面研究中的实验设计会出现理论依据不足的情况。单类内隐联想测验的应用部分包括研究三和研究四，重点探讨了 SC-IAT 的实际应用。研究三重在对群体的态度，研究四重在对产品品牌的态度。并结合内 – 外群体偏爱理论以及认知失调理论进行了深入分析。单类内隐联想测验的发展部分包括研究五和研究六，是对 SC-IAT 新的发展，是针对 SC-IAT 存在的不足提出的改进。研究五尝试将多个态度对象整合到一个概念类别里，研究六尝试将相容任务和不相容任务整合到一个组块里。这两种改进的新方法是对 SC-IAT 的发展和完善。

1.4.1 研究一：SC-IAT 的顺序效应——以内隐自尊为例

研究内容：以内隐自尊为例，采用 SC-IAT 和传统 IAT 分别测量了内隐自尊。在 SC-IAT 中进行了组块顺序平衡，即一部分被试先进行相容任务，再进行不相容任务，另一部分被试先进行不相容任务，再进行相容任务。同时，两个内隐实验的顺序安排也进行了平衡。即一部分被试先进行 SC-IAT，后进行 IAT，另一部分被试先进行 IAT，后进行 SC-IAT。

研究目的：内隐实验加工过程分离，探究自动联想激活成分是否显著；考察 SC-IAT 的组块顺序效应；考察不同内隐实验之间的顺序效应；与 IAT 相比较，考察 SC-IAT 测量的特点。

研究假设：

H11：SC-IAT 实验任务中自动联想激活成分存在，且达到显著水平；

H12：SC-IAT 的组块顺序效应显著，即被试先进行相容任务和先进行不相容任务两种情况下的内隐效应存在显著差异；

H13：不同内隐实验顺序效应显著，即被试先前进行的内隐测验对后继进行的内隐测验产生显著影响。

1.4.2 研究二：SC-IAT 的诱导效应——以内隐年龄刻板印象为例

研究内容：以内隐年龄刻板印象为例，在实验前呈现外显的正面或负面信息诱导，采用 SC-IAT 和传统 IAT 分别测量大学生对老年人和年轻人的内隐态度。

研究目的：探讨实验任务前的诱导信息对外显测量和内隐测量的影响。

研究假设：

H21：不同诱导信息下的外显测量结果差异显著；

H22：不同诱导信息下的内隐测量结果差异显著。

1.4.3 研究三：SC-IAT 在内隐群体偏爱中的应用

研究内容：采用 SC-IAT 和传统 IAT 测量大学生对农村人和城市人的内隐群体偏爱。

研究目的：与传统 IAT 进行比较，探讨 SC-IAT 在内隐群体偏爱中的独特作用。

研究假设 H3：相比传统 IAT，SC-IAT 能明确地揭示被试对某单一对象的具体内隐态度，并有利于更加清楚地探究内 – 外群体内隐偏爱情况。

1.4.4 研究四：SC-IAT 在产品品牌内隐偏好中的应用

研究内容：采用 SC-IAT 和传统 IAT 测量大学生对中国手机品牌和外国手机品牌的内隐偏好。

研究目的：与传统 IAT 进行比较，探讨 SC-IAT 在产品内隐偏爱中的独特作用。

研究假设 H4：相比传统 IAT，SC-IAT 能考察个体行为与内隐态度的关系，从而揭示认知失调在内隐态度领域的特点。

1.4.5 研究五：测量多个态度对象的 SC-IAT——以网站内隐偏好为例

研究内容：利用 SC-IAT 测量被试对四个主流门户网站的内隐偏好。

研究目的：利用 SC-IAT 设计评估多个目标对象的内隐态度的测量，并考察其可行性。

研究假设 H5：SC-IAT 能够测量个体对多个目标对象的内隐态度，并具有良好心理测量属性。

1.4.6 研究六：单一组块的 SC-IAT——以内隐性别角色认同为例

单类内隐联想测验

研究内容：将相容任务与不相容任务整合到一个组块里，形成单一组块的单类内隐联想测验（Single Block Single Category Implicit Association Test，简称 SB-SC-IAT），然后用 SB-SC-IAT 和 SC-IAT 分别测量大学生的内隐性别认同。

研究目的：将 SB-SC-IAT 与 SC-IAT 进行比较，考察其可行性及优点。

研究假设 H6：相比传统 SC-IAT，SB-SC-IAT 具有良好的心理测量属性。

2　研究一：SC-IAT 的顺序效应——以内隐自尊为例

2.1　引言

自尊一直是人格与社会心理学家关注的热点问题之一。关于自尊的定义有很多，至今仍然仁者见仁，智者见智。一般认为自尊指个体对自我的总体评价，是对自我这一特殊客体的积极或消极态度（Rosenberg，1965）。后来出现了一些通过自我报告的方式来测量自尊的量表，其中 Rosenberg 自尊量表使用非常广泛，用来测量个体的整体自尊水平（Rosenberg，1979）。研究发现，高自尊有助于抗拒抑郁和焦虑（Baumeister，Campbell，Krueger，& Vohs，2003; Brown，Cai，Oakes，& Deng，2009; Taylor & Brown，1988）。赵娟娟等研究发现，提高大学生外显自尊可减弱嫉妒的消极心理影响，有助于培养他们的健康人格（赵娟娟，司继伟，2009）。

人类社会行为除了受意识支配外，还受无意识的影响。Greenwald 等于 1995 年正式提出了内隐社会认知的概念，其中包括内隐自尊（Greenwald & Banaji，1995）。同时提出两种自尊结构的假说，认为个体的自尊包括外显自尊和内隐自尊。Greenwald 等于 1998 年提出了内隐联想测验（IAT）

（Greenwald, et al., 1998）。

Karpinski 和 Steinman 首先提出用单类内隐联想测验（SC-IAT）的方法来测量内隐自尊。实验中只出现一个概念词"我"。实验包括 4 个步骤，步骤 1 和步骤 3 是练习；步骤 2 和步骤 4 是正式测试。先进行相容任务匹配（"我 + 好"在左，"坏"在右），再进行不相容任务匹配（"好"在左，"我 + 坏"在右）。用 SC-IAT 测量的内隐自尊是在没有比较对象的情况下考察"我"与"好"或"不好"的联结，因此是对个体的整体评价。SC-IAT 的原理是相容的概念与属性之间存在自动联想激活，因此反应快。那么 SC-IAT 中究竟是否包含了自动联想激活成分，是否达到显著水平，以及测得的内隐效应是不是真正代表了自动联想激活的那部分加工过程等问题尚需进一步分析，才能更好地在社会认知领域运用该方法。同时，被试在步骤 2（相容任务）中的反应时小于步骤 4（不相容任务）是因为相容任务中概念与属性联系更紧密还是因为先进行了相容任务，并形成了反应定势，从而比不相容任务反应时更低呢？后者在传统 IAT 里被称为组块顺序效应。

传统 IAT 实验考察过这种组块顺序效应（Greenwald, et al., 2003a）。采用组块顺序与效应值 D 计算相关的方法考察组块顺序效应。发现相关系数很低（Election IAT, average r=0.056; Race IAT, average r=0.024; Gender-Science IAT, average r=0.278; Age IAT, average r=0.173）。组块顺序效应比较低的原因，Greenwald 等认为步骤 5 和步骤 6 很好地克服了步骤 1、步骤 3 和步骤 4 的定势作用（见表 1）。

但 SC-IAT 是否存在组块顺序效应？如果存在，那么它所测量的内隐效应将受到污染。本研究以内隐自尊为例，重点考察这种组块顺序效应是否存在。不同内隐实验顺序的安排是否会影响各自的内隐效应，尚未发现研究结果。国外有学者曾研究发现测量顺序并不影响内隐测量和外显测量之间的关系（Hofmann, et al., 2005a; Nosek, 2005a; Nosek, et al., 2005b）。本研究还将考察不同内隐实验顺序是否会影响各自的内隐效应，即实验顺序效应是否存在。

另外，在 IAT 测量的自尊中，概念词"他人"具有一定模糊性，因为与不同的对象相比，个体的自尊水平是不一样的。用 SC–IAT 测量自尊可以明确地知道个体对自己的整体评价。那么这两种内隐自尊是相同的事物，还是彼此相对独立的？外显自尊与这两种内隐自尊之间的关系是怎样的？这些问题的解答都有利于进一步扩展对自尊领域的认识。本研究还将外显自尊、SC–IAT 测量的自尊和传统 IAT 测量的自尊进行比较，考察 SC–IAT 测量的特点。

研究假设：

H11：SC–IAT 实验任务中自动联想激活成分存在，且达到显著水平；

H12：SC–IAT 的组块顺序效应显著，即被试先进行相容任务和先进行不相容任务两种情况下的内隐效应存在显著差异；

H13：不同内隐实验顺序效应显著，即被试先前进行的内隐测验对后继进行的内隐测验产生显著影响。

2.2　方法

2.2.1　被试

在某高校招募被试 86 名，男生 32 名，女生 54 名。本研究中，所有被试在每个内隐实验的错误率均低于 20%，均保留为有效数据。所有被试的视力或矫正视力正常，了解电脑的简单操作。每位被试都给予了礼品。

2.2.2　实验材料

外显自尊采用目前广泛使用的 Rosenberg 自尊量表的中文修订版（汪向东，王希林，& 马弘，1999）。该量表包括 10 道题，选项采用 4 点评分，从 1 到 4，1 表示完全不符合，4 表示完全符合。其中有 6 道题是正向计分，4 道题是反向计分，总分代表被试的整体自尊水平。总分越高，整体自尊水平越高。大量研究表明该量表具有较好的信效度（蔡华俭，2003）。

用 inquisit 3 编制了内隐自尊实验：正序我 SC-IAT、逆序我 SC-IAT 和我 - 他人 IAT①。本研究界定先进行相容任务，再进行不相容任务为正序；反之为逆序。实验的程序模式见表 10 和表 11。

在某高校社会心理学公选课上，通过开放式问题收集概念词与属性词的材料。其中，男生 45 人，女生 62 人；大一 35 人，大二 32 人，大三 23 人，大四 17 人。问题如下：（1）请写出至少 6 个与"我"意思相近的词：_____。（2）请写出至少 6 个与"他人"意思相近的词：_____。（3）请写出至少 6 个形容某个人"好"的词：_____。（4）请写出至少 6 个形容某个人"不好"的词：_____。然后回收统计，分别得出提名频率最高的前 6 个词语。代表概念词"我"的词语有：我、自己、本人、我的、自个、俺；代表概念词"他人"的词语有：人家、别人、他人、他们、他、她。代表属性词"好"的词语有：聪明、成功、友好、诚实、自信、高尚；代表属性词"不好"的词语有：丑陋、失败、无能、可耻、愚蠢、卑鄙。

本研究统一使用属性词"好"和"不好"，其理由是自尊是个体对自我的整体评价，那么通过"我"与"好"之间的联结程度可以比较好地反映个体自尊情况。另外，在概念词不变的情况下，能够运用在 IAT 中的属

---

① 我 SC-IAT 指用 SC-IAT 程序测量自尊，概念词是我。我 - 他人 IAT 指用传统 IAT 测量自尊，概念词包括我和他人。后面的研究中，也按照同样的书写习惯，表示对某概念的内隐测量。

性词也一定能用在 SC-IAT 中，所以本研究中的 IAT 和 SC-IAT 采用了相同的属性词。

表 10　我 SC-IAT 的程序模式

步骤	实验次数	功能	正序		递序	
			"A" 键	"L" 键	"A" 键	"L" 键
1	24	练习	好＋我	不好	好	不好＋我
2	48	测试	好＋我	不好	好	不好＋我
3	24	练习	好	不好＋我	好＋我	不好
4	48	测试	好	不好＋我	好＋我	不好

表 11　我－他人 IAT 的程序模式

步骤	实验次数	功能	"A" 键	"L" 键
1	20	练习	好	不好
2	20	练习	我	他人
3	20	练习	好＋我	不好＋他人
4	40	测试	好＋我	不好＋他人
5	20	练习	他人	我
6	20	练习	好＋他人	不好＋我
7	40	测试	好＋他人	不好＋我

2.2.3　实验程序的可用性测试

研究者采用 inquisit 3 编制了 SC-IAT 程序，同时对传统 IAT 程序进行了简单修正（删除 D 分数自动计算过程，将英文指导语变成中文，字体大小、背景颜色等进行了调整）。但是自行编制或修改的实验程序不能直接拿来使用，需要进行程序的可用性测试（Usability Test）（Steve Krug, 2006, 2010）。

研究者设计好程序后，邀请 3 名学生进行实验（这 3 名学生不参加后面正式的实验研究）①。实验过程中，注意观察被试的言语行为和非言语行为。实验结束后询问他们对实验的看法。包括："你能看懂实验过程里

---

① Steve Krug 等经过多年的实践发现在每轮可用性测试中只需要 3 名被试即可。因为测试的用户越多，发现的新问题越少。往往前 3 名被试就能够发现可用性问题中最重要的部分。如果每轮测试只测试少量用户，就可以多测试几轮，从而更有效地发现重要的可用性问题。

出现在屏幕上的指导语吗？""你觉得字体大小和颜色有什么问题？"，"实验操作难度大吗？"同时记录被试完成实验所需时间以及准确率（准确率可以在后缀为 .dat 的文件里分析出来）。在第一轮测试中，发现指导语表达不清、字体颜色和背景颜色不协调等主要问题。随后及时修改完善实验程序，并在第二周进行了第二轮可用性测试，依然邀请 3 名学生（与第一轮不同，并且不参与后面的正式实验）进行测试。实验完成后询问被试意见。整体反映良好：能够十分容易地看懂指导语，程序操作起来简单，不需要思考，单个 SC-IAT 实验可以在 4 分钟之内完成，单个 IAT 实验可以在 6 分钟之内完成。错误率大部分都在 20% 以内。说明编制的实验程序基本满足可以正式测试的要求。

2.2.4 实验过程

为了平衡两种内隐实验的顺序效应，设计了 4 种实验顺序模式：（1）正序我 SC-IAT，我 - 他人 IAT；（2）逆序我 SC-IAT，我 - 他人 IAT；（3）我 - 他人 IAT，正序我 SC-IAT；（4）我 - 他人 IAT，逆序我 SC-IAT。在电脑机房（能容纳 60 人上机操作）每台电脑上随机安装其中一种模式，结果每种模式安装了 15 台电脑。

每位被试先在电脑上完成 Rosenberg 自尊量表，再进行电脑中安装的实验。每个被试完成所有实验不超过 15 分钟。

内隐实验的指导语为："您好！请把您左右手的食指分别放在键盘的"A"键和"L"键上。屏幕上方左右两边将会出现两个词语类别组，屏幕中央会出现一个我们熟悉的词。您将要进行一个分类任务，当屏幕中央的词属于左边类别时，请按 A 键；当屏幕中央的词属于右边类别时，请按 L 键。请在确保准确的前提下尽可能快地按键。"

如果被试反应正确，屏幕中间会呈现 200ms 的绿色"√"；如果错误，屏幕中间会呈现 200ms 的红色"×"。两个内隐实验均只记录测试阶段的反应时，练习阶段的数据结果不记录。在我 SC-IAT 实验中，为了使左右按键的比率一样，对刺激出现的频率进行了设定：正序我 SC-IAT 步骤 2 中，代表"我"、"好"和"不好"的词按照 1:1:2 的频率出现；步骤 4 中，代表"好"、"我"和"不好"的词按照 2:1:1 的频率出现。逆序我 SC-IAT 进行了类似的处理。

2.2.5　数据分析方法

2.2.5.1　内隐效应计算方法

Greenwald、Nosek 和 Banaji（2003a）对内隐实验的数据处理方法提出了很多改进方法。删除错误率高于 20% 的实验数据（两个实验中只要有一个实验的错误率高于 20% 就要删除该被试的所有数据）。单次实验反应时高于 10000ms，低于 400ms 的要删除。错误反应的反应时要进行修改：IAT 实验将错误反应时替换成其所属组块的正确反应的平均反应时加上 600ms 的惩罚；SC-IAT 实验将错误反应时替换成其所属组块的正确反应的平均反应时加上 400ms 的惩罚（这是遵循 Karpinski 等的分数处理方法）。内隐效应计分方法统一采用 D 分数法。其计算方法是用被试不相容任务的平均反应时减去相容任务的平均反应时，再用这个差除以该被试所有正确反应（不包含原先错误反应）的反应时的标准差。两个内隐实验的 D 分数分别记为 $D_{SC\text{-}IAT}$、D_{IAT}。本研究假定"我"与"好"之间的联结为相容任务，反之为不相容任务。$D_{SC\text{-}IAT}$ 越大，则被试在内隐层面更加认为自己好；D_{IAT} 越大，则被试在内隐层面认为自己比他人好。实验结果的数据使用 SPSS 15.0 进行分析。

具体 SPSS 的实现过程如下：将被试的 .dat 数据文件复制并粘贴到记事本；从 SPSS 中打开该记事本；检查变量为反应时（latency）的一列数据（一般是变量 V17），将高于 10000ms 和低于 400ms 的数据删除，同时可以通过正误变量（V16）计算错误率，剔除错误率高于 20% 的被试；对组块变量（一般是 V5）进行分组，data—split file；计算正确反应与错误反应的平均反应时，analyze—Compare Means—Means，选择反应时变量（V17）和正误变量（V16）进行分析；对错误反应时进行增加反应时替换；取消组块变量（V5）的分组，data—split file—don't create groups；计算相容任务和不相容任务的平均反应时，analyze—Compare Means—Means，选择反应时变量（V17）和组块变量（V5）；计算所有正确反应时的标准差，analyze—Compare Means—Means，选择反应时变量（V17）和正误变量（V16）；然后将不相容任务的反应时减去相容任务的反应时，再除以所有正确反应时的标准差，就得到 D 分数（整个过程在刚开始摸索时比较慢，但熟练之后就能很快算出 D 分数）。

2.2.5.2 组块顺序效应计算方法

组块顺序包括正序和逆序，分别记为 1 和 2。将组块顺序与所有被试的我 SC-IAT 内隐效应 D 值计算点二列相关系数。

2.3 结果

2.3.1 测量的信度

外显自尊量表的内部一致性系数 α =0.78。

我 SC-IAT 的信度计算方法为：将每位被试的两个正式测试阶段按奇偶分成两部分（每部分包含 24 个实验试次），分别计算两个部分的 D 值并计算相关系数。由于是分半后的信度系数，需要进行 Spearman-Brown 校正[①]。校正后的信度系数分别为 0.73。

---

① Spearman-Brown 公式的计算方法为：$r_{xx}=n \times r_{AA} /(1+(n-1) \times r_{AA})$。其中，n 是测验工具长度增长或缩短的倍数；$r_{AA}$ 是测验工具原本的信度；r_{xx} 是测验工具增长或缩短后的信度。一般来说，测验长度增加，信度随之增加；测验长度缩短，信度随之减少。

我－他人 IAT 的信度计算方法为，将每位被试的两个正式测试阶段（步骤 4 和步骤 7）按奇偶分成两部分（每部分包含 20 个实验试次），分别计算两个部分的 D 值并计算相关系数。由于是分半后的信度系数，需要进行 Spearman–Brown 校正。校正后的信度系数为 0.71。

内部一致性系数的 SPSS 实现过程如下：增加一个奇偶分组变量（如"奇偶"），其值为 1、2、1、2⋯⋯，这样实验试次顺序为奇数的就赋值为 1 了，实验试次顺序为偶数的就赋值为 2 了；对变量"奇偶"进行分组，data—split file，选择变量"奇偶"；计算相容任务和不相容任务平均反应时，analyze—Compare Means—Means，选择反应时变量（V17）和组块变量（V5）；计算正确反应时的标准差，analyze—Compare Means—Means，选择反应时变量（V17）和正误变量（V16）；分别计算出奇数组和偶数组的 D 分数。

2.3.2　外显自尊测量结果

被试的自尊平均值为 32.5，标准差为 4.89。平均每道题得分 3.25，说明被试对自己的整体评价是比较好的。性别差异不显著。

2.3.3　SC-IAT 的自动联想加工过程分离

SC-IAT 的原理是相容的概念与属性之间存在自动联想激活，因此反应快。那么 SC-IAT 中究竟是否包含了自动联想激活成分，是否达到显著水平，以及测得的内隐效应是不是代表了自动联想激活的那部分加工过程等问题尚需进一步分析，才能更好地在社会认知领域运用该方法。

借鉴 Jacoby 等人提出的自动加工和控制加工分离方法，以及 Conrey 等提出的对内隐联想测验进行加工过程分离的思想（Conrey, et al., 2005; Jacoby, 1991; Lindsay & Jacoby, 1994），本研究将 SC-IAT 的加工过程分为两种成分：自动联想激活（A）和控制加工过程（C）[①]。A成分指刺激自动激活了记忆中相容的概念和属性，该成分促进了相容任务的反应，是内隐联想测验的核心要素。C成分指测验中需要意识努力参与，正确辨别刺激，并做出正确反应的控制。该成分除了正确区分刺激并做出正确反应外，还可能包括对A成分的抑制过程，尤其是在不相容任务中，类似于四成分模型中的OB成分。由于它也属于控制加工，所以这里一并合为C成分。见图4。

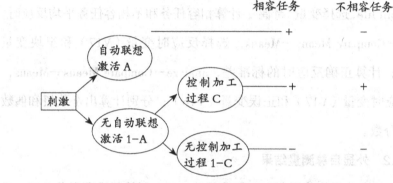

图4　SC-IAT加工过程分离模型

利用被试在相容任务和不相容任务的错误率计算A和C两个参数。

$$P(incorrect|compatible) = (1-A)*(1-C) \cdots\cdots\cdots\cdots\cdots 公式（1）$$

$$P(incorrect|incompatible) = A+(1-A)*(1-C) \cdots\cdots\cdots 公式（2）$$

P（incorrect|compatible）和P（incorrect|incompatible）都是观测数据，根据公式（1）、（2）可以计算出每个被试的参数A和C值。然后计算样本平均值，并进行显著性检验。

A参数的平均值为0.11，与数值"0"进行单样本t检验，$t(85)$

---

①　本研究中，SC-IAT并没有计算练习阶段反应时，只能列出两个方程，无法使用四成分模型进行四个参数的估计。而且，由于本研究重点考察SC-IAT程序中是否显著存在自动联想激活成分，并不需要探究SC-IAT程序中究竟包含哪些加工成分，所以本研究只将SC-IAT分成了自动联想激活成分A和控制加工过程C。

=3.67，$p<0.01$，$d=0.68$。C 参数的平均值为 0.88，与数值"0"进行单样本 t 检验，$t（85）=41.60$，$p<0.01$，$d=7.73$。A 参数显著大于零，说明 SC-IAT 任务中的确包含了自动联想激活成分，是 SC-IAT 能够测量内隐态度的重要证据。C 参数显著大于零，说明实验任务中的确需要被试进行大量的控制加工，如分辨刺激类别、选择按键以及抑制自动联想激活等。SC-IAT 的内隐效应采用 D 分数，将不相容任务与相容任务的反应时相减，可以把控制加工成分（C）抵消掉，剩下的就是实验所需要的自动联想激活部分。这样，SC-IAT 测量的内隐效应的确就是研究所需要的反映个体记忆中观念之间联系紧密程度的良好指标。

2.3.4 内隐自尊测量结果

我 SC-IAT 的内隐效应平均值 $D_{SC-IAT}=0.31$，我 - 他人 IAT 的内隐效应平均值 $D_{IAT}=0.45$，将 D_{SC-IAT} 和 D_{IAT} 分别与数值 0 比较，进行单样本 t 检验，结果分别为 $t（85）=4.13$，$p<0.01$，$d=0.77$；$t（85）=6.75$，$p<0.01$，$d=1.25$。说明两个内隐实验的内隐效应显著，并且在内隐层面都对自己有较高的评价。D_{SC-IAT} 与 D_{IAT} 进行配对 t 检验显示差异不显著。两个内隐自尊性别差异均不显著。

2.3.5 组块顺序效应

组块顺序与 D_{SC-IAT} 的点二列相关系数 $r_1=0.047$，$p>0.05$。说明正序我 SC-IAT 与逆序我 SC-IAT 之间不存在显著差异，即组块顺序效应不显著。

2.3.6 实验顺序效应

先进行 SC-IAT 实验，再进行 IAT 实验记为 1，反之记为 2。实验顺序与 D_{SC-IAT} 的点二列相关系数 $r_2=0.026$，$p>0.05$。实验顺序与 D_{IAT} 的点二列相关系数 $r_3=0.021$，$p>0.05$。说明两种内隐实验的先后安排不会影响各自的测量结果。

2.3.7　三个自尊的相关

将外显自尊、D_{SC-IAT} 和 D_{IAT} 计算 Pearson 积差相关，见表 12。

表 12　外显自尊与内隐自尊的相关（$n=86$）

	外显自尊	D_{SC-IAT}	D_{IAT}
外显自尊	1	—	—
D_{SC-IAT}	−0.57★★	1	—
D_{IAT}	0.18	0.07	1

表中数据说明，D_{SC-IAT} 与 D_{IAT} 之间相关不显著。外显自尊与 D_{IAT} 不相关，但与 D_{SC-IAT} 呈显著负相关。外显自尊越高，D_{SC-IAT} 越低。

2.4　讨论

2.4.1　SC–IAT 的自动联想激活成分

借鉴 Jacoby 等人提出的自动加工和控制加工分离方法，以及 Conrey 等提出的对内隐联想测验进行加工过程分离的思想（Conrey, et al., 2005; Jacoby, 1991; Lindsay & Jacoby, 1994），本研究将 SC–IAT 的加工过程分为两种成分：自动联想激活（A）和控制加工过程（C）。结果显示，自动联想激活 A 成分显著，验证了假设 H11。说明 SC–IAT 任务中的确包含了自动联想激活成分；同时，基于 D 分数算法的内隐效应代表的正好是实验中自动联想激活的成分。这些都是 SC–IAT 能够测量内隐态度的重要证据。

2.4.2　SC–IAT 的组块顺序效应分析

根据实验结果，发现组块顺序效应很低，没有达到显著水平，拒绝假设 H12。其原因可能是第二个任务的正式实验前都安排了一定数量的练习，可以很好地克服第一个任务的定势影响。这与 Greenwald 等的分析一致（Greenwald, et al., 2003a）。但是，如果被试容易受定势影响，并且第二个任务的正式实验前安排的练习不能完全消除第一个任务的影响时，组块顺序的安排会对内隐效应产生影响。因此，被试的心理特点与组块顺序效应可能有关系。这个问题有待进一步实证研究。

2.4.3　实验顺序对内隐效应的影响

根据研究结果，不管是先进行 SC–IAT，还是先进行传统 IAT，$D_{SC–IAT}$ 和 D_{IAT} 都没有显著变化，拒绝假设 H13。说明内隐实验是一种不容易受其他内隐实验影响的间接测量。其原因可能是内隐实验考察的是大脑自动化的加工，与大脑长时记忆中概念之间的联系程度是密切关联的，具有一定稳定性。另外，D 分数的使用可以很好地减少先前内隐测验的影响（Greenwald, et al., 2003a），因为 D 分数不是直接使用原始反应时计算的，而是使用反应时除以正确反应时的标准差计算的，可以很好地降低内隐测验之间的影响。

2.4.4　被试自尊情况分析

本研究中的被试整体外显自尊比较高，对自己的整体评价较好。内隐实验的结果也显示被试在内隐层面对自己的评价较好。被试选自某重点高校，自尊水平比较高是合理的，因为自尊水平与学业成就密切相关。我国学者蔡华俭等进行了大量的针对中国人内隐自尊的研究，同时他们还对发表在中国国内的自尊研究进行元分析（Cai, Wu, & Brown, 2009），都发现无论是外显测量还是内隐测量，中国人都普遍存在显著的积极自我偏差。本研究结果与这些研究相符。

2.4.5　三个自尊的比较

$D_{SC–IAT}$ 与 D_{IAT} 相关不显著，说明这两种内隐自尊是相对独立的。自尊是个体对自我的整体评价，它源于社会比较。社会比较的对象和方式不同，会产生不同的自我评价。当与比自己强的人相比，个体自尊心会受到伤害；当与比自己弱的人相比，个体自尊会提高。IAT 反映的是相对态度，而 SC-IAT 反映的是整体态度。因此本研究中我－他人 IAT 测量的是相对内隐自尊，依赖比较对象；而我 SC-IAT 测量的是整体内隐自尊，是个体长期多个社会比较的整体结果，是个体对自我的整体评价。

外显自尊与 D1 相关不显著，符合态度双重结果理论（Wilson, et al., 2000）。但外显态度与 D2 呈显著负相关，并且 D2 能够显著负向预测外显自尊。说明我 SC-IAT 在对外显自尊的预测上比我－他人 IAT 要好。

Karpinski 等的研究显示外显自尊与我 SC-IAT 呈显著正相关（Karpinski & Steinman, 2006），本研究显示呈显著负相关。这可能与中国文化有关。中国文化崇尚谦虚，视谦虚为美德。如演员明明表演得非常精彩，却会对观众们说"我在这里献丑了"来表现自己的谦虚态度。中国大学生在内隐层面对自我持积极肯定态度，但出于谦虚的考虑，在外显层面表现的自我评价就没那么高，甚至会出现相反的情况。越是内隐自我评价高的学生，外显越表现得谦虚。但西方文化则正好相反，他们崇尚个人价值，喜欢在众人面前展示才华，所以会出现 Karpinski 等的研究结果。当然，由于本研究选取的是一小部分大学生，并不能代表所有中国人群体，所以对于中国人整体内隐自尊的特点尚需要对其他样本群体进行考察。

Rosenberg 自尊量表测量的是个体的整体自尊，我 SC-IAT 测量的也是整体自尊，并且两者具有显著负相关，而我－他人 IAT 测量的是相对自尊，因此将 Rosenberg 自尊量表与我 SC-IAT 相结合使用比较合适。

2.5　结论

（1）SC-IAT 实验任务中自动联想激活成分存在，且达到显著水平。

（2）SC-IAT 实验的组块顺序效应不显著。

（3）两种内隐实验的顺序安排不影响内隐效应。

（4）被试整体外显自尊水平比较高，对自己的整体评价较好。我 – 他人 IAT 和我 SC–IAT 实验的内隐效应显著，并且都显示在内隐层面被试对自己有较高的评价。外显自尊和内隐自尊均不存在性别差异。

（5）外显自尊与我 – 他人 IAT 不相关，但与我 SC–IAT 呈显著负相关。我 – 他人 IAT 与我 SC–IAT 之间相关不显著。

（6）我 – 他人 IAT 测量的是相对内隐自尊，而我 SC–IAT 测量的是整体内隐自尊。

3 研究二：SC-IAT 的诱导效应——以年龄刻板印象为例

3.1 引言

人们对事物的态度包括两个相对独立的结构：外显态度和内隐态度。外显态度受到主观意识支配，受社会赞许性影响；内隐态度可能反映的是个体真实的信念或行为倾向（Wilson, et al., 2000）。测量内隐态度的常用方法是内隐联想测验（IAT）（Greenwald, et al., 1998）。Karpinski 和 Steinman（2006）提出用 SC-IAT 的方法来测量对单一态度对象的内隐态度。

研究者们在 IAT 的使用过程中发现 IAT 的再测信度不是很好，在 0.56 左右，说明它的稳定性不好。如果 IAT 测量的是与个体状态相关的态度则再测信度很低，如果测量的是与个体特质相关的态度则再测信度较高（Nosek, et al., 2007）。那么外界信息会不会对 IAT 测量产生干扰从而影响其稳定性呢？对此尚无相关研究结果。在研究一中，被试先完成自尊的外显测量，再进行内隐联想测验。那么先进行的外显测量会不会影响后面的内隐联想测验结果呢？在研究一中，由于要平衡的变量太多（组块顺序效应、实验顺序效应），所以对这个问题并没有探讨。本研究试图探究外显测量中的诱导信息对外显态度和内隐态度的影响，从而弄清这个问题。

我国正快速步入老龄化社会，预计 2050 年我国 60 岁以上老年人将达31%（李宝库，2010）。对老年人的态度日益成为人们关注的话题。有研究显示，人们对老年人的态度通常是消极的，自己被归类为老年人是件不愉快的事情（Jelenec & Steffens, 2002）。这种对老年人歧视的现象普遍存在于现今的社会里（易勇，风少杭，2005）。我国学者佐斌和温芳芳（2007）采用经典 IAT 方法考察了大学生对年轻人和老年人的内隐年龄刻板印象，发现大学生在身体特征、个人表达和认知能力 3 个方面对老年人都普遍存在明显消极的内隐态度。虽然老年人的确在某些方面（如身体健康等）存在下降，但社会明显过于高估他们的缺点，以致对老年人产生严重的偏见和歧视。因此在中国开展对老年人态度研究是非常有意义的。

本研究采用 SC-IAT 和传统 IAT 两种方法来测量大学生对老年人和年轻人的内隐刻板印象，一方面是考察诱导信息对外显态度和内隐态度的影响，另一方面是为了了解当前大学生对老年人的态度情况。同时将这两种测验进行比较，探究它们在内隐测量当中的不同特点。

研究假设：

H21：不同诱导信息下的外显测量结果差异显著；

H22：不同诱导信息下的内隐测量结果差异显著。

3.2　方法

3.2.1　被试

在某高校心理学公选课堂上招募被试 46 名，男生 11 名，女生 35 名。3 名被试（2 名男生，1 名女生）的数据由于错误率高于 20% 被剔除。有效数据包括 43 名被试（9 名男生，34 名女生；正面诱导实验 24 个，负面诱导实验 19 个）。所有被试的视力或矫正视力正常，了解电脑的简单操作。每位被试都给予了礼品。

3.2.2　实验材料

用 inquisit 3 编制了两个内隐实验，测量被试对老年人和年轻人的内隐态度。实验 1 是老年人 SC-IAT，实验 2 是老年人 – 年轻人 IAT。实验的程序模式见表 13 和表 14。

表 13　老年人 SC-IAT 的程序模式

步骤	实验次数	功能	"A"键	"L"键
1	20	练习	老年人 + 积极的	消极的
2	40	测试	老年人 + 积极的	消极的
3	20	练习	积极的	老年人 + 消极的
4	40	测试	积极的	老年人 + 消极的

表 14　老年人 – 年轻人 IAT 的程序模式

步骤	实验次数	功能	"A"键	"L"键
1	20	练习	老年人	年轻人
2	20	练习	积极的	消极的
3	20	练习	老年人 + 积极的	年轻人 + 消极的
4	40	测试	老年人 + 积极的	年轻人 + 消极的
5	20	练习	年轻人	老年人
6	20	练习	年轻人 + 积极的	老年人 + 消极的
7	40	测试	年轻人 + 积极的	老年人 + 消极的

实验中代表"老年人"的词语：老头、老人、老爷爷、老奶奶、老太太；代表"年轻人"的词语：少年、少女、姑娘、小伙子、青年人；属性词选自佐斌等（2007）对年龄刻板印象研究中代表身体特征的词语。代表"积极的"词语：精力充沛、活跃、运动、强壮、健康；代表"消极的"词语：疲惫不堪、虚弱、肮脏、迟缓、呆滞。以上词语均来源于大学生熟悉的词语，是通过 4 名心理学研究生讨论挑选出来的具有一定代表性的词语。

被试对老年人和年轻人的外显态度测量是自编的问卷。

3.2.3 实验程序

实验地点在某高校机房，能容纳 60 台电脑，每台电脑均安装好了实验软件 inquisit 3 和实验程序。被试要求在规定的时间到达实验室，并统一宣读指导语。每位被试先在电脑上完成一份对老年人态度问卷，再分别进行实验 1（老年人 SC-IAT）、实验 2（老年人 - 年轻人 IAT）。每个被试完成所有实验不超过 12 分钟。

问卷有两种：正面诱导问卷和负面诱导问卷。正面诱导问卷指在询问被试对老年人态度前加入一句反映老年人优点的表述，如"我们在生活中一定接触过一些老年人，他们身上可能存在很多优点，如经验丰富、和蔼可亲、真诚善良等，那么您对老年人的态度是？"企图影响被试的态度选择。选项采用 7 点评分，从 1 到 7，1 表示非常不喜欢，7 表示非常喜欢。负面诱导问卷指在询问被试对老年人态度前加入一句反映老年人缺点的表述，如"我们在生活中一定接触过一些老年人，他们可能存在一些因年龄而导致的一些问题，如啰唆、固执、保守等，那么您对老年人的态度是？"企图影响被试的态度选择。选项采用 7 点评分，从 1 到 7，1 表示非常不喜欢，7 表示非常喜欢。

实验 1 和实验 2 在电脑中进行。指导语在电脑屏幕中呈现，要求被试进行分类任务，如果屏幕中间的词语含义属于左边类别，就按"A"键；如果属于右边类别，就按"L"键。要求在确保准确的情况下尽量快速反应。如果反应正确会在屏幕中间呈现 200ms 的绿色"√"，如果错误会在屏幕中间呈现 200ms 的红色"×"。两个内隐实验均只记录测试阶段的反应时，练习阶段的数据结果不记录，其理由是练习阶段是被试熟悉了解实验的过程，被试可能并没有十分认真去对待。在实验 1 中，为了使左右按键的比率一样，对图片刺激出现的频率进行了设定：步骤 2"积极的"、"老年人"

和"消极的"按照 1:1:2 的比率，步骤 4"积极的"、"消极的"和"老年人"按照 2:1:1 的比率。

实验程序也包括正面诱导实验程序和负面诱导实验程序两种。对于正面诱导实验程序，被试进入实验程序后，屏幕会显示一段文字反映老年人的优点，如"欢迎参加内隐测验！我们在生活中一定接触过一些老年人，他们身上可能存在很多优点，如经验丰富、和蔼可亲、真诚善良等，那么您对老年人的态度是什么呢？下面将要进行的是对老年人态度的内隐测验"。对于负面诱导实验程序，被试进入实验程序后，屏幕会显示一段文字反映老年人的缺点，如"欢迎参加内隐测验！我们在生活中一定接触过一些老年人，他们可能存在一些因年龄而导致的一些问题，如啰唆、固执、保守等，那么您对老年人的态度是什么呢？下面将要进行的是对老年人态度的内隐测验"。问卷和实验部分均设置诱导言语是为了加强诱导效果，考察其对外显和内隐态度的影响。

同种性质的问卷和实验安装在同一台电脑上，有 30 台安装了正面诱导问卷和实验，另外 30 台安装了负面诱导问卷和实验。被试随意选择座位，结果有 24 名学生做了正面诱导问卷和实验，22 名学生做了负面诱导问卷和实验。

3.2.4　数据分析方法

3.2.4.1　内隐效应计算方法

内隐实验的数据处理遵循 Greenwald 等（2003a）提出的改进方法。删除错误率高于 20% 的实验数据（两个实验中只要有一个实验的错误率高于 20% 就要删除该被试的所有数据）。单次实验反应时高于 10000ms，低于 400ms 的要删除。错误反应的反应时要进行修改：IAT 实验将错误反应时替换成其所属组块的正确反应的平均反应时加上 600ms 的惩罚；SC-IAT

实验将错误反应时替换成其所属组块的正确反应的平均反应时加上 400ms 的惩罚。内隐效应计分方法统一采用 D 分数法。其计算方法是用被试不相容任务的平均反应时减去相容任务的平均反应时，再用这个差除以该被试所有正确反应（不包含原先错误反应）的反应时的标准差。两个内隐实验的 D 分数分别记为 $D_{SC\text{-}IAT}$、D_{IAT}。

实验 1 中假定步骤 2 为相容任务，步骤 4 为不相容任务（见表 13）。$D1$ 越大，则被试在内隐层面对老年人有更好的印象。实验 2 中假定步骤 4 为相容任务，步骤 7 为不相容任务（见表 14）。$D2$ 越大，则被试在内隐层面相对年轻人对老年人有更好的印象。实验结果的数据使用 SPSS 15.0 进行分析。

具体 SPSS 的实现过程如下：将被试的 .dat 数据文件复制并粘贴到记事本；从 SPSS 中打开该记事本；检查变量为反应时（latency）的一列数据（一般是变量 V17），将高于 10000ms 和低于 400ms 的数据删除，同时可以通过正误变量（V16）计算错误率，剔除错误率高于 20% 的被试；对组块变量（一般是 V5）进行分组，data—split file；计算正确反应与错误反应的平均反应时，analyze—Compare Means—Means，选择反应时变量（V17）和正误变量（V16）进行分析；对错误反应时进行增加反应时替换；取消组块变量（V5）的分组，data—split file—don't create groups；计算相容任务和不相容任务的平均反应时，analyze—Compare Means—Means，选择反应时变量（V17）和组块变量（V5）；计算所有正确反应时的标准差，analyze—Compare Means—Means，选择反应时变量（V17）和正误变量（V16）；然后将不相容任务的反应时减去相容任务的反应时，再除以所有正确反应时的标准差，就得到 D 分数（整个过程在刚开始摸索时比较慢，但熟练之后就能很快算出 D 分数）。

3.3 结果

3.3.1 测量信度

内隐实验的信度计算方法为：将每位被试的两个测试阶段按奇偶分成两部分（每部分包含 20 个实验试次），分别计算两个部分的 D 值并计算相关系数。由于是分半后的信度系数，需要进行 Spearman–Brown 校正。校正后，实验 1 的信度系数为 0.76；实验 2 的信度系数为 0.74。两种内隐测验的信度比较接近。

内部一致性系数的 SPSS 实现过程如下：增加一个奇偶分组变量（如"奇偶"），其值为 1、2、1、2…，这样实验试次顺序为奇数的就赋值为 1 了，实验试次顺序为偶数的就赋值为 2 了；对变量"奇偶"进行分组，data—split file，选择变量"奇偶"；计算相容任务和不相容任务平均反应时，analyze—Compare Means—Means，选择反应时变量（V17）和组块变量（V5）；计算正确反应时的标准差，analyze—Compare Means—Means，选择反应时变量（V17）和正误变量（V16）；分别计算出奇数组和偶数组的 D 分数。

3.3.2 大学生对老年人和年轻人的外显态度

在整体上，大学生对老年人的外显态度的平均值为 4.98，标准差为 1.52；对年轻人的外显态度的平均值为 5.02，标准差为 1.08，两者差异进行配对 t 检验，$t(42)=0.17$，$p>0.05$，$d=0.04$，差异不显著。对老年人和年轻人的态度均不存在性别差异。

3.3.3 大学生对老年人和年轻人的内隐态度

两个内隐实验的内隐效应 D_{SC-IAT} 和 D_{IAT} 的平均值分别为 0.04，–0.17，分别与数值 0 进行单样本 t 检验，结果分别为，$t(42)=0.59$，$p>0.05$，$d=0.09$；$t(42)=-3.42$，$p<0.01$，$d=0.52$。说明在老年人 SC-IAT 实验中，被试对老年人持中性态度。在老年人 – 年轻人 IAT 实验中，被试相对年轻

人对老年人持较多负面刻板印象。对老年人和年轻人的态度均不存在性别差异。D_{SC-IAT} 与 D_{IAT} 相关不显著。

3.3.4　外显态度与内隐态度的相关

D_{SC-IAT} 与对年轻人的外显态度相关显著（$r=-0.34$，$p<0.05$），但 D_{IAT} 与对老年人和年轻人的外显态度均不相关，见表15。

3.3.5　诱导效应分析

将诱导方式（正面诱导和负面诱导）与外显态度和内隐态度计算积差相关系数，见表15。

表 15　诱导方式与外显态度和内隐态度的相关（$n=43$）

	1	2	3	4	5
1. 诱导方式	—				
2. 对老年人的外显态度	−0.64**	—			
3. 对年轻人的外显态度	−0.06	0.12	—		
4. 老年人 SC-IAT（D_{SC-IAT}）	−0.02	−0.06	−0.28	—	
5 老年人－年轻人 IAT（D_{IAT}）	0.07	0.12	−0.02	−0.12	—

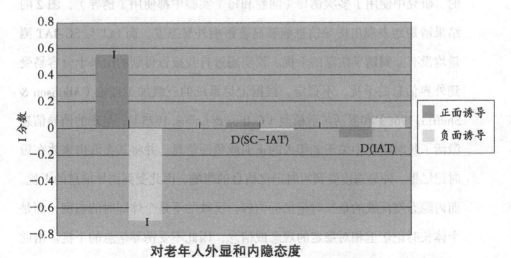

图 5　不同诱导方式对外显和内隐态度的影响

诱导方式与对老年人的外显态度相关非常显著。在正面诱导下，对老年人的外显态度平均值为 5.83，在负面诱导下，对老年人的外显态度平均值为 3.89，两者差异显著性检验 $t(41)$ =5.35，$p<0.01$，d=1.64。诱导方式对老年人－年轻人 IAT 和老年人 SC-IAT 不产生显著影响。对老年人的外显态度、老年人 SC-IAT 和老年人－年轻人 IAT 转换成 Z 分数，分析诱导方式对老年人外显和内隐态度的影响，见图 5（误差线表示 95% 的置信区间）。

3.4 讨论

3.4.1 诱导信息对态度的影响

研究显示，不同诱导信息下的外显态度差异显著，验证了假设 H21。但是内隐态度（包括 IAT 和 SC-IAT 的测量结果）并不受诱导信息的影响，拒绝假设 H22。被试从事正面诱导或负面诱导问卷和实验是随机安排的，那么两组被试从理论上是同质的。这两组被试只在诱导方式上存在差异，其他条件均一致。因此两组被试对老年人的态度差异是由诱导方式产生的。研究中使用了多次诱导（问卷和每个实验中都使用了诱导），图 2 的结果清楚地表现出诱导信息能够显著影响外显态度，而 IAT 与 SC-IAT 测量均没有受到诱导信息的干扰。说明通过自我报告得到的结果十分容易受到外界信息的干扰，不稳定。根据记忆系统的三级加工理论（Atkinson & Shiffrin, 1968）和激活扩散模型（Collins & Loftus, 1975），呈现的诱导信息激活了长时记忆中关于老年人的正面或负面信息，并将其提取出来放在短时记忆里。外显态度受到短时记忆信息的影响，因此受到诱导信息的干扰。而内隐态度反映的是长时记忆的内容，反映的不是个体即时的态度，而是个体长时记忆里相对稳定的观念或信念，因此不受诱导信息的干扰。由此研究者提出态度的记忆结构假说，即外显态度来自于短时记忆，内隐态度来自于长时记忆，当短时记忆信息与长时记忆信息一致时，外显态度与内隐态度相关度高；当短时记忆信息与长时记忆信息不一致时，外显态度与内隐态度相关度低。这个假说可以解释为什么在一些情况下外显态度与内隐态度相关很低，是两个相对独立的结构。未来需要大量实证研究来进一步验证这个假说。

3.4.2 大学生对老年人的态度分析

在外显层面，大学生对老年人和年轻人的态度没有显著差异，但在内隐层面上表现出对年轻人的偏爱。一般通过自我报告测量的结果都经过了意识的加工，是主观控制下的结果，并不一定是个体的真实想法。如果个体对老年人具有较多负面刻板印象，他或她不一定会公开表露出来，甚至会表现出比较喜欢的态度。但在内心深处对老年人的态度是较难发现的。IAT 可以提供一种揭示个体某种信念或行为倾向的途径。

老年人－年轻人 IAT 的结果发现在内隐层面，相对于老年人，被试对年轻人持较多的正面刻板印象。但这个结果具有一定模糊性，即可能存在很多可能性：（1）被试对老年人和年轻人都持正面印象，但对年轻人的正面印象更多。（2）被试对老年人和年轻人都持负面印象，但对年轻人持有的负面印象少一些。（3）被试对年轻人持正面印象，但对老年人持负面印象。（4）被试对年轻人持正面印象，但对老年人持中性态度。IAT 的结果将无法判断是哪种情况。SC-IAT 的结果可以给出答案，本研究属于上面的第四种情况。大学生对年轻人偏爱并没有对老年人产生贬损。

3.4.3 外显与内隐测量的相关

外显态度与内隐态度的相关发现，IAT 测量的结果与外显态度相关不显著，老年人 SC-IAT 测量的结果与对老年人的外显态度相关不显著。说明两种内隐测验方法与外显态度是分离的。并且 $D_{\text{SC-IAT}}$ 与 D_{IAT} 相关不显著，可能说明这两种内隐联想测验反映的是内隐态度的不同层面。

3.4.4　两种内隐测验方法的比较

IAT 方法测量的是相对内隐态度，而 SC-IAT 测量的是整体内隐态度。所谓整体态度是指被试在观念中对该概念词的整体认知评价，是被试在过去经验中将该概念词与若干其他对象进行过的若干比较后产生的综合结果。比如对自我的评价，自我在不同时间、不同情境下与不同的人进行比较会产生不同的自我评价，将这些不同的自我评价综合起来就是一个对自我的整体评价。当涉及态度对象只有 1 个时，或想了解被试对某对象的整体内隐态度时，IAT 就存在困难。IAT 与 SC-IAT 揭示的是内隐态度的两个不同层面。本研究正好将两种方法同时使用，更好地发现了被试内隐态度的真实情况。

3.5　结论

（1）诱导信息非常显著地影响了对老年人的外显态度，但对老年人 - 年轻人 IAT 和老年人 SC-IAT 没有产生影响。

（2）在外显层面，大学生对老年人和年轻人的态度没有显著差异。但在内隐层面，大学生更喜欢年轻人，对老年人持中性态度。

（3）IAT 方法测量的是相对内隐态度，而 SC-IAT 测量的是整体内隐态度。它们揭示了内隐态度不同层面的信息，将这两种方法同时使用，可以更好地了解内隐态度的真实情况。

4 研究三：SC–IAT 在内隐群体偏爱中的应用

4.1 引言

社会认同理论认为，人们在群体互动中经常将自己和他人归为某些群体，相对于外群体，人们更喜欢内群体，甚至在偏爱内群体的同时对外群体产生贬损（Tajfel, 1982）。内群体偏爱现象在很多研究中得到验证（Tajfel, 1970; Tajfel, Billig, Bundy, & Flament, 1971）。近年来，一些研究发现弱势群体成员存在外群体偏爱现象。Rudman 和 Kilianski 等发现在领导职位的选举上，女性更支持男性担任领导职位（Rudman & Kilianski, 2000）。黑人小孩在被要求在白人洋娃娃玩具与黑人洋娃娃玩具间选择时却都选择白人洋娃娃玩，并认为白人洋娃娃好，而黑人洋娃娃差（Banks, 1976）。有研究者从弱势群体角度出发，意外发现弱势群体成员中不仅存在内群体偏爱，而且出现了外群体偏爱（Jost & Burgess, 2000）。另外，从优势群体角度出发，发现优势群体成员在行为上对弱势群体成员的偏爱（Norton, Vandello, & Darley, 2004）。

随着测量方法的发展，研究者尝试通过内隐联想测验（IAT）

（Greenwald, et al., 1998）来深入辨别内－外群体偏爱的真实情况。研究结果表明弱势群体成员在内隐水平上接受内群体某些维度上的劣势，同时在认知、情感与行为上都表现出对优势群体成员的无意识水平上的偏爱（Ashburn-Nardo, et al., 2003; Livingston, 2002; Nosek, Banaji, & Greenwald, 2002）。

我国学者连淑芳（2005）通过IAT的方法测量了大学生对上海人和外地人的内隐刻板印象，发现上海人和外地人都倾向于把上海人和城市人积极属性归为一类，把外地人和农村人消极属性归为一类。上海人具有明显内群体偏爱，外地人在内隐层面具有对弱势的认同，存在外群体偏爱。严义娟和佐斌（2008）介绍了外群体偏爱的现象及其研究例证，分析了弱势群体成员心理上内群体偏爱与外群体偏爱共存的现象，以及优势群体成员的外群体偏爱。

然而经典IAT测量的仅仅是相对态度，其结果依赖于比较对象（Greenwald & Farnham, 2000）。对于只需要测量单一态度对象时，IAT则无法实现（Karpinski, 2004）。Karpinski和Steinman（2006）提出用单类内隐联想测验（SC-IAT）的方法来测量对单一态度对象的内隐态度。

本研究通过SC-IAT和传统IAT两种内隐测验考察大学生对农村人和城市人的内隐态度，从外显和内隐两个层面分析内－外群体偏爱。其目的是，一方面想探究当前大学生对农村人和城市人是否存在不同态度，另一方面分析两种内隐联想测验在内隐态度测量中的不同特点，从而为我国内隐社会认知领域的发展提供方法上的补充。

研究假设：相比传统IAT，SC-IAT能明确地揭示被试对某单一对象的具体内隐态度，并有利于更加清楚地探究内－外群体内隐偏爱情况。

4.2　方法

4.2.1　被试

从某高校心理学公选课堂上招募被试 37 名，男生 12 名，女生 25 名。3 名被试（1 名男生，2 名女生）的数据由于错误率高于 20% 被剔除。有效数据包括 34 名被试（11 名男生，23 名女生；生源地在农村的 19 人，在城市的 15 人）。视力或矫正视力正常，了解电脑的简单操作。每位被试都给予了礼品。

4.2.2　实验材料

用 inquisit 3 编制了 3 个内隐实验，测量被试对农村人和城市人的内隐态度。实验 1 是农村人 SC-IAT，实验 2 是城市人 SC-IAT，实验 3 是农村人 – 城市人 IAT。实验的程序模式见表 16 和表 17。

表 16　农村人 SC-IAT 和城市人 SC-IAT 的程序模式

步骤	实验次数	功能	农村人 SC-IAT		城市人 SC-IAT	
			"A"键	"L"键	"A"键	"L"键
1	20	练习	喜欢 + 农村人	不喜欢	喜欢 + 城市人	不喜欢
2	40	测试	喜欢 + 农村人	不喜欢	喜欢 + 城市人	不喜欢
3	20	练习	喜欢	不喜欢 + 农村人	喜欢	不喜欢 + 城市人
4	40	测试	喜欢	不喜欢 + 农村人	喜欢	不喜欢 + 城市人

表 17　农村人 – 城市人 IAT 的程序模式

步骤	实验次数	功能	"A"键	"L"键
1	20	练习	喜欢	不喜欢
2	20	练习	农村人	城市人
3	20	练习	喜欢 + 农村人	不喜欢 + 城市人
4	40	测试	喜欢 + 农村人	不喜欢 + 城市人
5	20	练习	城市人	农村人
6	20	练习	喜欢 + 城市人	不喜欢 + 农村人
7	40	测试	喜欢 + 城市人	不喜欢 + 农村人

实验中代表"农村人"的词语：农民、农民工、乡下人、农夫、农妇；代表"城市人"的词语：城市人、市民、城里人、市区人、城区人；代表

"喜欢"的词语：喜欢、喜爱、喜好、好感、满意；代表"不喜欢"的词语：讨厌、厌恶、厌烦、反感、不满。以上词语均来源于大学生熟悉的词语，是通过 4 名心理学研究生讨论挑选出来的具有一定代表性的词语。

Greenwald 的经典 IAT 实验采用的属性词是 "pleasant（快乐）" 和 "unpleasant（不快乐）"，Karpinski 的 SC-IAT 实验采用的属性词是 "good（好）" 和 "bad（坏）"。本研究主要考察被试对农村人和城市人的喜欢程度，而且在概念词不变的情况下，能够运用在 IAT 中的属性词也一定能用在 SC-IAT 中，所以本研究中的 IAT 和 SC-IAT 采用了相同的属性词 "喜欢" 和 "不喜欢"。Karpinski（2006）曾提出这样的想法，本研究是首次尝试。

被试对农村人和城市人的外显态度测量是自编的问卷。

4.2.3　实验程序

被试要求在规定的时间到达实验室，统一宣读指导语。每位被试先在电脑上完成一份问卷，再分别进行实验 1（农村人 SC-IAT）、实验 2（城市人 SC-IAT）和实验 3（农村人 - 城市人 IAT）。基于研究一和研究二的研究结果，组块顺序效应和实验顺序效应并不显著存在，并且外显测量对内隐测量不存在显著影响，因此本研究不进行组块顺序平衡和实验顺序平衡。每个被试完成所有实验不超过 20 分钟。

问卷涉及被试的性别、生源地①以及对农村人和城市人的印象和态度（见附录）。印象的测量采用 7 点评分，从 1 到 7，1 表示非常差，7 表示非常好；态度的测量采用 7 点评分，从 1 到 7，1 表示非常不喜欢，7 表示非常喜欢。

实验 1、实验 2 和实验 3 均在电脑中进行。指导语在电脑屏幕中呈现，

---

① 本研究将学生生源地分为农村和城市两类，其中农村包括县、乡、镇、村。

要求被试进行词语分类任务，如果屏幕中间的词语属于左边类别，就按"A"键；如果属于右边类别，就按"L"键。要求在确保准确的情况下尽量快速反应。如果反应正确会在屏幕中间呈现 200ms 的绿色"√"，如果错误会在屏幕中间呈现 200ms 的红色"×"。3 个内隐实验均只记录测试阶段的反应时，练习阶段的数据结果不记录，其理由是练习阶段是被试熟悉了解实验的过程，被试可能并没有十分认真去对待。在实验 1 和实验 2 中，为了使左右按键的比率一样，对刺激出现的频率进行了设定：步骤 2"喜欢"、"农村人 / 城市人"和"不喜欢"按照 1:1:2 的比率，步骤 4"喜欢"、"不喜欢"和"农村人 / 城市人"按照 2:1:1 的比率。

4.2.4　数据分析方法

对农村人的外显态度取其印象和态度（即第 3 题和第 4 题）的平均值，记为 N；对城市人的外显态度取其印象和态度（即第 5 题和第 6 题）的平均值，记为 C。

3 个内隐实验的数据处理遵循 Greenwald 等（2003a）提出的改进方法。删除错误率高于 20% 的实验数据（3 个实验中只要有 1 个实验的错误率高于 20% 就要删除该被试的所有数据）。单次实验反应时高于 10000ms，低于 400ms 的要删除。错误反应的反应时要进行修改：IAT 实验将错误反应时替换成其所属组块的正确反应的平均反应时加上 600ms 的惩罚；SC-IAT实验将错误反应时替换成其所属组块的正确反应的平均反应时加上 400ms的惩罚。内隐效应计分方法统一采用 D 分数法。其计算方法是用被试不相容任务的平均反应时减去相容任务的平均反应时，再用这个差除以该被试所有正确反应（不包含原先错误反应）的反应时的标准差。3 个内隐实验的 D 分数分别记为 $D1$、$D2$、$D3$。

实验 1 和实验 2 中假定步骤 2 为相容任务，步骤 4 为不相容任务（见

表 16）。D1 越大，则被试在内隐层面更喜欢农村人；D2 越大，则被试在内隐层面更喜欢城市人。实验 3 中假定步骤 4 为相容任务，步骤 7 为不相容任务（见表 17）。D3 越大，则被试在内隐层面相对城市人更喜欢农村人。实验结果的数据使用 SPSS 15.0 进行分析。

　　具体 SPSS 的实现过程如下：将被试的 .dat 数据文件复制并粘贴到记事本；从 SPSS 中打开该记事本；检查变量为反应时（latency）的一列数据（一般是变量 V17），将高于 10000ms 和低于 400ms 的数据删除，同时可以通过正误变量（V16）计算错误率，剔除错误率高于 20% 的被试；对组块变量（一般是 V5）进行分组，data—split file；计算正确反应与错误反应的平均反应时，analyze—Compare Means—Means，选择反应时变量（V17）和正误变量（V16）进行分析；对错误反应时进行增加反应时替换；取消组块变量（V5）的分组，data—split file—don't create groups；计算相容任务和不相容任务的平均反应时，analyze—Compare Means—Means，选择反应时变量（V17）和组块变量（V5）；计算所有正确反应时的标准差，analyze—Compare Means—Means，选择反应时变量（V17）和正误变量（V16），然后将不相容任务的反应时减去相容任务的反应时，再除以所有正确反应时的标准差，就得到 D 分数（整个过程在刚开始摸索时比较慢，但熟练之后就能很快算出 D 分数）。

4.3　结果

4.3.1　测量信度

4.3.1.1　外显态度测量的信度

　　两道测量被试对农村人态度的题目相关系数 $r=0.86$，$p<0.01$，内部一致性系数 $\alpha=0.92$。两道测量被试对城市人态度的题目相关系数 $r=0.82$，

$p<0.01$，内部一致性系数 $\alpha=0.90$。说明测量被试对农村人和城市人外显态度的两道题同质性高。

4.3.1.2　内隐态度测量的信度

3 个实验的信度计算方法为，将每位被试的两个测试阶段按奇偶分成两部分（每部分包含 20 个实验试次），分别计算两个部分的 D 值并计算相关系数。由于是分半后的信度系数，需要进行 Spearman-Brown 校正。校正后，实验 1、实验 2 和实验 3 的信度系数分别为 0.76、0.75 和 0.76，SC-IAT 和 IAT 测量的信度比较一致。

内部一致性系数的 SPSS 实现过程如下：增加一个奇偶分组变量（如"奇偶"），其值为 1、2、1、2……，这样实验试次顺序为奇数的就赋值为 1 了，实验试次顺序为偶数的就赋值为 2 了；对变量"奇偶"进行分组，data—split file，选择变量"奇偶"；计算相容任务和不相容任务平均反应时，analyze—Compare Means—Means，选择反应时变量（V17）和组块变量（V5）；计算正确反应时的标准差，analyze—Compare Means—Means，选择反应时变量（V17）和正误变量（V16）；分别计算出奇数组和偶数组的 D 分数。

4.3.2　大学生对农村人和城市人的外显态度

大学生对农村人和城市人的外显态度见表 18。从整体情况看，大学生相对城市人更喜欢农村人。对农村人和城市人的外显态度不存在性别差异。

对于来自农村的学生，对农村人的外显态度和对城市人的外显态度差异显著，更喜欢农村人。对于来自城市的学生，对农村人的外显态度和对城市人的外显态度差异不显著，都是有点喜欢。

4.3.3　大学生对农村人和城市人的内隐态度

大学生对农村人和城市人的内隐态度见表 18。

表 18 不同生源地大学生对农村人和城市人态度比较（ $n=34$ ）

	外显态度						内隐态度					
	对农村人		对城市人		差异检验		农村人 SC-IAT		城市人 SC-IAT		农村人－城市人 IAT	
	M	SD	M	SD	t	p	$D1$	p^a	$D2$	p^a	$D3$	p^a
整体情况												
	5.52	1.18	4.37	1.13	3.25	<0.01	0.05	>0.05	0.20	<0.01	-0.27	<0.01
按生源地分类												
农村	5.97	0.75	4.24	1.02	6.90	<.01	0.09	>0.05	0.15	<0.05	-0.19	<0.05
城市	4.29	1.29	4.71	1.41	-0.46	>0.05	-0.06	>0.05	0.36	<0.01	-0.49	<0.05

注：$D1$ 代表农村人 SC-IAT 的内隐效应，$D2$ 代表城市人 SC-IAT 的内隐效应，$D3$ 代表农村人－城市人 IAT 的内隐效应。a 代表 $D1$、$D2$、$D3$ 与数值 0 比较，进行单样本 t 检验的显著性水平。

从整体情况看，$D1$ 与 0 差异不显著，说明在内隐层面被试对农村人持中性态度。$D2$ 显著大于 0，说明在内隐层面被试对城市人持明显的正面态度。$D3$ 显著小于 0，说明在内隐层面相对农村人，被试更喜欢城市人。但 $D1$ 与 $D2$ 的差异检验值 t（33）=-1.97，$p>0.05$，$d=-0.48$ 差异不显著。$D1$、$D2$、$D3$ 在性别上无显著差异。

对于来自农村的学生，$D1$ 说明他们对农村人持中性态度，$D2$ 说明他们对城市人持明显正面态度。$D3$ 说明他们在内隐层面相对农村人更喜欢城市人，$D1$ 和 $D2$ 差异不显著（ t（18）=-0.63，$p>0.05$，$d=-0.20$ ）。

对于来自城市的学生，$D1$ 说明他们对农村人持中性态度，$D2$ 说明他们对城市人持明显正面态度。$D3$ 说明他们在内隐层面相对农村人更喜欢城市人，$D1$ 和 $D2$ 差异显著（ t（14）=-4.60，$p<0.01$，$d=-1.68$ ）。

4.3.4 外显态度与内隐态度的相关

将外显态度与内隐态度计算积差相关，发现只有 $D3$ 与 N（对农村人的外显态度）相关显著。$D1$ 和 $D2$ 与外显态度均不相关。

4.3.5 三个内隐态度之间的关系

由于 IAT 测量的是相对内隐态度，SC-IAT 测量的是整体内隐态度，那么两个 SC-IAT 之间是否可以等同于 IAT 的测量呢？即在本研究中，$D1$ 与 $D2$ 之差是否可以等同于 $D3$？将 $D1$ 减去 $D2$ 之差和 $D3$ 进行配对样本 t 检验发现，$t(33)=1.20$，$p>0.05$，$d=0.29$，没有达到显著水平。说明 D1 减去 D2 的差与 D3 没有显著差别，即两个 SC-IAT（农村人 SC-IAT，城市人 SC-IAT）之差可以等同于 IAT（农村人 – 城市人 IAT）的结果。

4.4　讨论

4.4.1　大学生对农村人和城市人的态度

在外显层面，对于来自农村的大学生，对农村人和城市人都持正面态度，但更喜欢农村人。这个现象符合社会认同理论，即内群体偏爱，但并没有对外群体（城市人）产生贬损。对于来自城市的大学生，对农村人和城市人不存在偏见，都是有点喜欢的态度。一般通过自我报告测量的结果都经过了意识的加工，是主观控制下的结果，并不一定是个体的真实想法。如果个体对农村人具有较多负面刻板印象，他或她不一定会公开表露出来，甚至会表现出相反的态度。但在内心深处对农村人的态度是较难发现的。

IAT 可以提供一种揭示个体某种信念或行为倾向的途径。在内隐层面，对于来自农村的大学生，IAT 显示他们相对农村人更喜欢城市人，这属于外群体偏爱。这个结果与外显测量结果正好相反。反映出大学生对农村人和城市人的态度存在外显和内隐两个相互独立的层面。但 IAT 的结果具有一定模糊性，因为 IAT 测量的仅仅是相对态度，可能有以下几种情况：（1）对农村人和城市人都喜欢，但更喜欢城市人；（2）喜欢城市人，不喜欢农村人；（3）对农村人和城市人都不喜欢，但对城市人不喜欢的程度轻一些；（4）对农村人持中性态度，但对城市人持明显正面态度。通过农村人 SC-IAT 和城市人 SC-IAT 的测量可以清楚地知道对农村人和城市人的具体态度情况。结果发现，对于来自农村的大学生，对城市人的内隐态度高于对农村人的内隐态度，但差异不显著；对于来自城市的大学生，存在明显偏见，即更喜欢城市人，对农村人持中性态度，属于上面第四种情况，这也与外显测量结果正好相反。

在外显测量上，并没有发现对农村人的偏见，但在 SC-IAT 的内隐测量上，无论是来自农村的还是来自城市的大学生都更偏爱城市人，对农村人仅仅持中性态度。相比传统 IAT，SC-IAT 能明确地揭示被试对某单一对象的具体内隐态度，并有利于更加清楚地探究内 - 外群体内隐偏爱情况，验证了假设 H3。

4.4.2 群体偏爱分析

对于来自农村的大学生，在外显测量下出现明显的内群体偏爱，可是在内隐测量下出现明显的外群体偏爱。对于来自城市的大学生，在外显测量下没有发现偏见，可是在内隐测量下出现明显的偏见。内群体偏爱和外群体偏爱同时存在于一个群体当中。弱势群体出于自尊维护的需要，在公开场合会表现出内群体偏爱，而自己对优势群体存在内隐层面的偏爱，希望能够成为其中的一员。这反映出当前弱势群体复杂的心理特点。优势群体出于舆论压力或某种个人目的在公开场合受无偏见动机驱使，表现出一视同仁，但在内隐层面偏见无法隐藏。对于这种现象，社会认同理论解释为弱势群体成员对其群体产生低认同感或者根本不认同会激发其产生外群体偏爱；并认为这些群体会有三种行为反应：个体流动、社会创造和社会竞争（Tajfel & Turner, 1979）。

4.4.3 SC-IAT 与传统 IAT 的比较

本研究试图将经典 IAT 与 SC-IAT 进行比较，探究两种内隐联想测验的不同特点。发现这两种内隐联想测验存在一致的地方，即都与外显测量结果不一致，也存在不一致的地方。这两种内隐联想测验分别揭示了内隐态度的不同层面：IAT 测量的是相对内隐态度，而 SC–IAT 测量的是整体内隐态度，并能够提供对每个态度对象的具体内隐态度情况。

SC–IAT 中只涉及 1 个概念词，考察的是被试对该概念词的整体态度。所谓整体态度是指被试在观念中对该概念词的整体认知评价，是被试在过去经验中将该概念词与若干其他对象进行过的若干比较后产生的综合结果。比如对自我的评价，自我在不同时间、不同情境下与不同的人进行比较会产生不同的自我评价，将这些不同的自我评价综合起来就是一个对自我的整体评价。当涉及态度对象只有 1 个时，或想了解被试对某对象的整体内隐态度时，IAT 就存在困难。根据 IAT 测量的结果无法得知被试对每个对象的具体态度情况，而 SC–IAT 可以做到。

4.4.4　两个 SC–IAT 之差与 IAT 之间的关系

通过分析发现，农村人 SC–IAT 减去城市人 SC–IAT 之差与农村人 – 城市人 IAT 之间没有显著差异。说明对两个目标对象的单类内隐态度之差与包含两个目标对象的传统 IAT 之间有对等关系。其原因可能是两种内隐测验都是基于反应时范式，并且在操作方式和计分方法上十分相似。从这个角度来说，SC–IAT 依然可以实现相对内隐态度的测量。只需将二者相减，就得到二者的相对内隐态度。

4.4.5　不足与展望

本研究的不足之处在于样本量很小，不能很好地代表我国大学生的整体情况。未来研究需要增加被试量，可以尝试使用网络的方式让更多的被试不限时间、地点来完成实验，这样可以获得大量有价值的信息以及研究结果。另外，未来研究可以尝试将两个 SC–IAT 整合在一起变成一个实验，类似单靶内隐联想测验（Single Target Implicit Association Test，简称 ST–

IAT）的模式，这样可以简化实验程序，提高数据收集效率（Bluemke & Friese, 2008）。

群体偏见是社会心理学的热点话题之一。在方法上，未来可以尝试采用其他内隐方法进行研究，比如情感错误归因范式（Affect Misattribution Procedure，简称 AMP）（Payne, Cheng, Govorun, & Stewart, 2005）。在研究对象上，可以对残疾人、心理疾病患者、艾滋病患者、农民工等弱势群体开展群体认同研究。同时，针对不同年龄阶段的学生开展减少群体偏见和歧视的教育研究也是未来的方向。

4.5 结论

（1）在整体上，大学生在外显态度上相对城市人更喜欢农村人，但在内隐态度上更喜欢城市人。

（2）对于来自农村的大学生，在外显态度上更喜欢农村人，但在内隐态度上更喜欢城市人。对于来自城市的大学生，在外显态度上不存在偏见，但在内隐态度上明显偏爱城市人，对农村人持中性态度。内群体偏爱和外群体偏爱同时存在。

（3）两个目标对象的 SC–IAT 内隐效应之差与包含两个目标对象的传统 IAT 内隐效应之间差异不显著。SC–IAT 依然可以实现相对内隐态度的测量：只需将二者相减，就得到二者的相对内隐态度。

5　研究四：SC-IAT 在产品品牌内隐偏好中的应用

5.1　引言

消费者对商品品牌的态度以及品牌选择，不仅要考虑其意识层面的认知特点，还要关注其无意识动机和自动加工过程（Maison, Greenwald, & Bruin, 2004）。一些研究显示，消费者对品牌的内隐认知过程会影响其品牌偏好和决策，这个过程是自动化的（Janiszewski, 1988）。内隐态度能够激活到意识层面，并对人们的消费行为产生影响（Bargh, 2002; Shapiro, 1999）。同时，对内隐品牌态度的测量方法有很多。Brunel、Tietje 和 Greenwald（2004）通过实验证明 IAT 增强了对消费者行为的理解，尤其是当消费者对自己的购物行为或观念产生的原因不清楚时。Karpinski 等（2006）采用 SC-IAT 的方法对被试的苏打饮料（Coke-Pepsi）品牌偏好进行了测量，发现 SC-IAT 能够较好地预测品牌选择。我国学者袁登华、罗嗣明和叶金辉（2009）采用 GNAT 的方法测量了大学生对品牌的内隐态度，并证明内隐和外显品牌态度是分离的。

虽然已有研究探讨了内隐品牌态度和外显品牌态度，但在内隐测量上要么使用测量相对态度的经典 IAT，要么使用评价单一态度对象的内隐测验。将这两种性质不同的内隐联想测验同时使用，并比较它们的不同特性的研究很少。本研究采用经典 IAT 和 SC-IAT 两种方法测量大学生对中国品牌手机和外国品牌手机的内隐态度，一方面了解当前大学生对手机品牌的偏好情况，另一方面考察两种内隐联想测验的不同特性，探究它们是否揭示了内隐的不同层面的不同信息。同时还探讨了内隐态度与行为或外显态度的一致性情况，分析内隐态度与认知失调之间的关系。另外，在我国内隐社会认知研究中，大都涉及的是相对态度的内隐测量，对于单一态度对象的内隐测量在我国还处于起步阶段。本研究可以为未来单类内隐联想测验的研究和应用提供理论依据。

研究假设 H4：相比传统 IAT，SC-IAT 能考察个体行为与内隐态度的关系，从而揭示认知失调在内隐态度领域的特点。

5.2 方法

5.2.1 被试

在某高校心理学专业本科生中招募被试 40 名，男生 18 名，女生 22 名。1 名被试（男生）的数据由于错误率高于 20% 被剔除。有效数据包括 39 名被试（17 名男生，22 名女生）。视力或矫正视力正常，了解电脑的简单操作。每位被试都给予了礼品。

5.2.2 实验材料

用 inquisit 3 编制了 3 个内隐实验，测量被试对中国品牌手机和外国品牌手机的内隐偏好。实验 1 是中国手机品牌 SC-IAT，实验 2 是外国手机品牌 SC-IAT，实验 3 是中国 – 外国手机品牌 IAT。实验的程序模式见表 19 和表 20。

表 19 中国手机品牌 SC-IAT 和外国手机品牌 SC-IAT 的程序模式

步骤	实验次数	功能	中国手机品牌 SC-IAT		外国手机品牌 SC-IAT	
			"A"键	"L"键	"A"键	"L"键
1	20	练习	中国品牌+快乐	不快乐	外国品牌+快乐	不快乐
2	40	测试	中国品牌+快乐	不快乐	外国品牌+快乐	不快乐
3	20	练习	快乐	中国品牌+不快乐	快乐	外国品牌+不快乐
4	40	测试	快乐	中国品牌+不快乐	快乐	外国品牌+不快乐

表 20 中国－外国手机品牌 IAT 的程序模式

步骤	实验次数	功能	"A"键	"L"键
1	10	练习	快乐	不快乐
2	10	练习	中国品牌	外国品牌
3	20	练习	中国品牌+快乐	外国品牌+不快乐
4	40	测试	中国品牌+快乐	外国品牌+不快乐
5	10	练习	外国品牌	中国品牌
6	20	练习	外国品牌+快乐	中国品牌+不快乐
7	40	测试	外国品牌+快乐	中国品牌+不快乐

　　在研究一、二和三中，内隐联想测验均采用词语作为刺激材料。本研究使用手机品牌图片比汉字词语更直观，因此采用图片形式呈现概念类别。考虑到如果属性类别采用汉字词语会与概念类别的图片形成鲜明对比，因此本研究将属性类别也采用图片的形式。通过开放式问卷收集大学生熟悉的中国和外国手机品牌，选取频次最高的各 5 种品牌[①]。其中"中国品牌"选取了：联想、金立、天语、中兴、步步高。"外国品牌"选取了：诺基亚、苹果、摩托罗拉、三星、索尼爱立信。这些代表产品品牌的图片来自网上的产品 LOGO 图片。属性类别选自中国情绪面孔系统（CAFPS）[②]。"快乐"

---

① 该项调查是在 2011 年 3 月进行的，手机品牌熟悉程度会随着手机行业的发展而发生改变。

② 中国情绪面孔系统（CAFPS）是由北京师范大学认知神经科学与学习国家重点实验室罗跃嘉课题组研发的。本研究能够得到罗跃嘉课题组研究的支持，表示衷心的感谢！系统中，共评定筛选出 7 种情绪类型的中国化面孔情绪图片 870 张，包括愤怒、厌恶、恐惧、悲伤、惊讶、平静、高兴。100 名在校大学生（男女比例为 1：1，平均年龄为 22.6 岁）对每张图片所属情绪类型进行评定，并基于评定的情绪类型对其所表达的情绪强度进行 1–9 的评分（1 为最弱，9 为最强）。本系统中，每张图片均包含情绪类型，认同度和强度指标。在每种情绪类型下，每张图片对应的认同度指标是指参评者中认为该图片属于此种情绪类型的人数占参评者总人数的百分比，本系统中所有图片的认同度指标均大于 60%；每张图片对应的强度指标是指所有参评者对其所表达的情绪强度评分的平均数。

的图片选取 3 张男性和 3 张女性的快乐面孔；"不快乐"的图片选取 3 张男性和 3 张女性的悲伤面孔。这些图片的认同度在 90% 以上，情绪强度水平在 5 以上。概念与属性类别的图片见图 6。

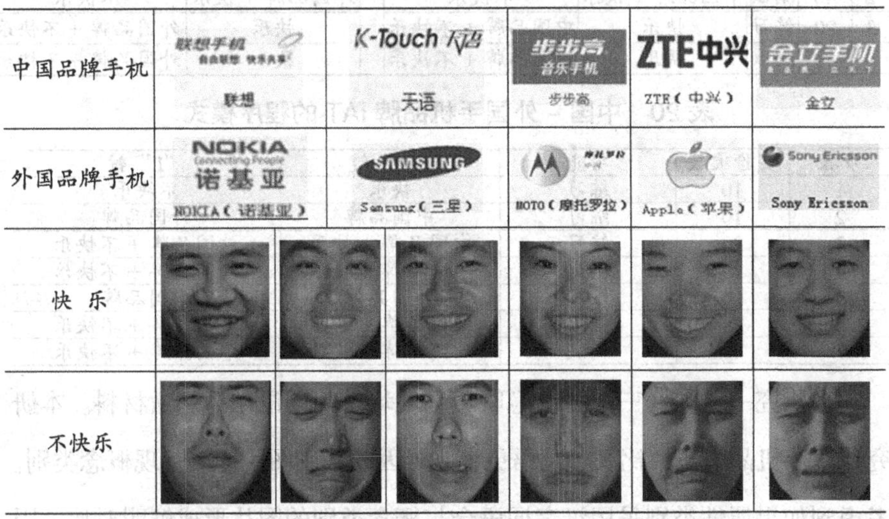

中国品牌手机	联想	天语	步步高	ZTE（中兴）	金立
外国品牌手机	NOKIA（诺基亚）	Samsung（三星）	MOTO（摩托罗拉）	Apple（苹果）	Sony Ericsson
快乐					
不快乐					

图 6　手机品牌和情绪面孔图片刺激材料

被试对手机品牌的外显态度测量是自编的问卷，见附录。

5.2.3　实验程序

被试要求在规定的时间到达实验室，统一宣读指导语。每位被试先完成一份问卷，再分别进行实验 1、实验 2 和实验 3，每个被试完成所有实验不超过 20 分钟。

问卷在电脑上进行。问卷涉及被试自己现有手机品牌，被试对中国品牌手机的印象和态度，以及对外国品牌手机的印象和态度。印象的测量采用 7 点评分，从 1 到 7，1 表示非常差，7 表示非常好；态度的测量采用 7 点评分，从 1 到 7，1 表示非常不喜欢，7 表示非常喜欢。最后 1 题考察被试的品牌选择倾向，询问被试："如果有机会免费获得一款新手机，您希望它是中国品牌的还是外国品牌的？"

实验 1、实验 2 和实验 3 均在电脑中进行。指导语在电脑屏幕中呈现，要求被试进行词语分类任务，如果屏幕中间的词属于左边类别，就按"A"键；如果属于右边类别，就按"L"键。要求在确保准确的情况下尽量快速反应。如果反应正确会在屏幕中间呈现 200ms 的绿色"√"，如果错误会在屏幕中间呈现 200ms 的红色"×"。3 个内隐实验均只记录测试阶段的反应时，练习阶段的数据结果不记录，其理由是练习阶段是被试熟悉了解实验的过程，被试可能并没有十分认真去对待。

5.2.4　数据分析方法

中国品牌手机的外显态度取其印象和态度（即第 3 题和第 4 题）的平均值，记为 Z；外国品牌手机的外显态度取其印象和态度（即第 5 题和第 6 题）的平均值，记为 W。品牌选择倾向记为 Q。

3 个内隐实验的数据处理遵循 Greenwald 等（2003a）提出的改进方法。删除错误率高于 20% 的实验数据（3 个实验中只要有 1 个实验的错误率高于 20% 就要删除该被试的所有数据）。单次实验反应时高于 10000ms，低于 400ms 的要删除。错误反应的反应时要进行修改：IAT 实验将错误反应时替换成其所属组块的正确反应的平均反应时加上 600ms 的惩罚；SC-IAT实验将错误反应时替换成其所属组块的正确反应的平均反应时加上 400ms的惩罚。内隐效应计分方法统一采用 D 分数法。其计算方法是用被试不相容任务的平均反应时减去相容任务的平均反应时，再用这个差除以该被试所有正确反应（不包含原先错误反应）的反应时的标准差。3 个内隐实验的 D 分数分别记为 D1、D2、D3。

实验 1 中假定步骤 2 为相容任务，步骤 4 为不相容任务（见表 19）。D1 越大，则被试在内隐层面更偏好中国品牌手机。实验 2 中假定步骤 2为相容任务，步骤 4 为不相容任务（见表 18）。D2 越大，则被试在内隐层面更偏好外国品牌手机。实验 3 中假定步骤 4 为相容任务，步骤 7 为不相容任务（见表 20）。$D3$ 越大，则被试在内隐层面相对外国品牌手机更偏好中国品牌手机。实验结果的数据使用 SPSS 15.0 进行分析。

　　具体 SPSS 的实现过程如下：将被试的 .dat 数据文件复制并粘贴到记事本；从 SPSS 中打开该记事本；检查变量为反应时（latency）的一列数据（一般是变量 V17），将高于 10000ms 和低于 400ms 的数据删除，同时可以通过正误变量（V16）计算错误率，剔除错误率高于 20% 的被试；对组块变量（一般是 V5）进行分组，data—split file；计算正确反应与错误反应的平均反应时，analyze—Compare Means—Means，选择反应时变量（V17）和正误变量（V16）进行分析；对错误反应时进行增加反应时替换；取消组块变量（V5）的分组，data—split file—don't create groups；计算相容任务和不相容任务的平均反应时，analyze—Compare Means—Means，选择反应时变量（V17）和组块变量（V5）；计算所有正确反应时的标准差，analyze—Compare Means—Means，选择反应时变量（V17）和正误变量（V16）；然后将不相容任务的反应时减去相容任务的反应时，再除以所有正确反应时的标准差，就得到 D 分数（整个过程在刚开始摸索时比较慢，但熟练之后就能很快算出 D 分数）。

5.3　结果

5.3.1　测量信度

5.3.1.1　外显态度测量的信度

　　两道测量被试对中国品牌手机态度的题目相关系数 $r=0.79$，$p<0.01$，内部一致性系数 $\alpha=0.86$。两道测量被试对外国品牌手机态度的题目相关系数 $r=0.69$，$p<0.01$，内部一致性系数 $\alpha=0.79$。说明测量被试对手机品牌

的印象和态度的两道题同质性高。

5.3.1.2　内隐态度测量的信度

3 个实验的信度计算方法为，将每位被试的两个测试阶段按奇偶分成两部分（每部分包含 20 个实验试次），分别计算两个部分的 D 值并计算相关系数。由于是分半后的信度系数，需要进行 Spearman–Brown 校正。校正后，实验 1 的信度系数为 0.76；实验 2 的信度系数为 0.78；实验 3 的信度系数为 0.72。

内部一致性系数的 SPSS 实现过程如下：增加一个奇偶分组变量（如"奇偶"），其值为 1、2、1、2……，这样实验试次顺序为奇数的就赋值为 1 了，实验试次顺序为偶数的就赋值为 2 了；对变量"奇偶"进行分组，data—split file，选择变量"奇偶"；计算相容任务和不相容任务平均反应时，analyze—Compare Means—Means，选择反应时变量（V17）和组块变量（V5）；计算正确反应时的标准差，analyze—Compare Means—Means，选择反应时变量（V17）和正误变量（V16）；分别计算出奇数组和偶数组的 D 分数。

5.3.2　大学生手机品牌偏好的结果

5.3.2.1　外显态度测量结果

对中国品牌手机的外显态度的平均值 Z=4.17，对外国品牌手机的外显态度的平均值 W=5.75，两者差异进行配对 t 检验，$t（38）=5.485$，$p<0.01$，$d=1.24$。说明在外显态度上，对中国品牌手机持一般态度，但对外国品牌手机持比较喜欢的态度，两者差异显著，被试普遍偏好外国品牌手机。在外显态度上存在性别差异：对于中国品牌手机的态度男生低于女生（$t（37）=2.498$，$p<0.05$，$d=0.81$），对于外国品牌手机的态度男生高于女生（$t（37）=2.396$，$p<0.05$，$d=0.77$）。

5.3.2.2 内隐态度测量结果

3个内隐实验的内隐效应 $D1$、$D2$ 和 $D3$ 的平均值分别为 0.31，0.18，0.20，分别与数值 0 比较，进行单样本 t 检验，结果分别为 $t(38)=3.99$，$p<0.01$，$d=0.69$；$t(38)=2.05$，$p<0.05$，$d=0.36$；$t(38)=2.66$，$p<0.05$，$d=0.46$。说明 3 个内隐实验的内隐效应显著。$D1>0$ 说明在内隐层面被试对中国品牌手机持正面态度。$D2>0$ 说明在内隐层面被试对外国品牌手机持正面态度。$D3>0$ 说明在内隐层面相对外国品牌手机，被试更偏好中国品牌手机。但 $D1$ 与 $D2$ 的差异检验值 $t(38)=1.41$，$p>0.05$，$d=0.32$，差异不显著。$D1$、$D2$、$D3$ 在性别上无显著差异。

5.3.3 三个内隐态度之间的关系

由于 IAT 测量的是相对内隐态度，SC-IAT 测量的是整体内隐态度，那么两个 SC-IAT 之间是否可以等同于 IAT 的测量呢？即在本研究中，$D1$ 与 $D2$ 之差是否可以等同于 $D3$？将 $D1$ 减去 $D2$ 之差和 $D3$ 进行配对样本 t 检验发现，$t(38)=0.65$，$p>0.05$，$d=0.15$，没有达到显著水平。说明 $D1$ 减去 $D2$ 的差与 $D3$ 没有显著差别，即两个 SC-IAT（中国手机品牌 SC-IAT，外国手机品牌 SC-IAT）之差可以等同于 IAT（中国–外国手机品牌 IAT）的结果。

5.3.4 外显态度与内隐态度的相关

对手机品牌的外显态度与内隐态度进行相关分析。计算 $D1$、$D2$、$D3$、Z、W 这 5 个变量之间的积差相关，见表 21。

表 21 外显态度与内隐态度的相关（n=39）

	$D1$	$D2$	$D3$
$D1$	1	—	—
$D2$	0.28	1	—
$D3$	−0.29	−0.43★★	1
Z	−0.09	−0.08	0.53★★
W	−0.04	0.26	−0.42★★

注：$D1$、$D2$、$D3$ 分别代表实验1、实验2和实验3的内隐效应。Z代表被试对中

国品牌手机的外显态度的平均值，W 代表被试对外国品牌手机的外显态度的平均值。
** 表示 $p<0.01$。

$D1$ 与 Z 相关不显著，$D2$ 与 W 相关不显著，说明 SC–IAT 的测量与外显测量是两个独立的结构。$D3$ 与 Z 和 W 相关显著，说明在 IAT 的测量结果上外显和内隐具有一致性。$D3$ 与 $D2$ 相关显著，但与 $D1$ 不相关。

5.3.5 被试现有手机品牌与其对手机品牌态度的关系

正在使用中国品牌手机的被试有 21 名，正在使用外国品牌手机的被试有 18 名。由于中国 – 外国手机品牌 IAT 测量的是相对态度，无法得知被试对中国品牌手机的具体内隐态度情况，所以绘制了被试对中国品牌手机的外显态度和内隐态度（SC–IAT）的散点分布图，见图 7。

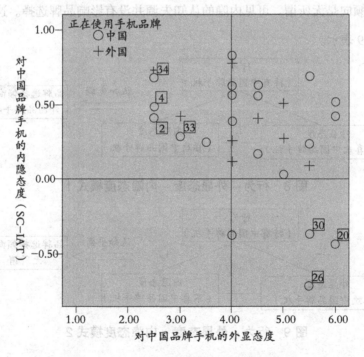

图 7 被试对中国品牌手机的外显态度和内隐态度（SC–IAT）

图 7 中编号为 2、4、33 和 34 的被试正在使用中国品牌手机，但外显测验显示他们对中国品牌手机持有明显负面态度。这些被试正在使用自己

不喜欢的手机品牌，认知与行为出现不一致，呈现认知失调的特点。但这名被试对中国品牌手机持有正面的内隐态度，即行为与外显态度相冲突，但与内隐态度保持一致。那么这些被试认知失调的情况比较复杂：外显失调，而内隐不失调。根据问卷调查结果，这些被试的品牌选择倾向是外国品牌手机。那么最终的品牌选择是为了缓解外显的失调。这种关系用图 8 表示。

图 7 中编号为 20、26 和 30 的被试正在使用中国品牌手机，但对中国品牌手机持有明显负面的内隐态度。这些被试外显行为与内隐态度出现不一致。但这三名被试对中国品牌手机的外显态度是明显正面的。这些被试呈现外显不失调，而内隐失调的复杂状态。根据问卷调查结果，他们的品牌选择倾向是无所谓。可见内隐的认知失调并没有影响品牌选择。这种关系用图 9 表示。

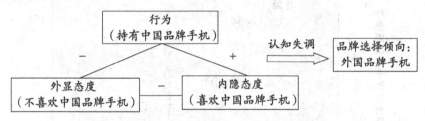

图 8　行为 – 外显态度 – 内隐态度模式 1

图 9　行为 – 外显态度 – 内隐态度模式 2

5.4　讨论

5.4.1　大学生手机品牌偏好特点

在外显层面，相对中国品牌手机，大学生更偏好外国品牌手机。然而在内隐层面，IAT 的结果显示，相对外国品牌手机，大学生更偏好中国品牌手机；SC-IAT 的结果显示大学生对中国品牌和外国品牌手机均持正面态度，且差异不显著。

大学生对手机品牌的偏好存在内隐与外显的不一致。大学生购买商品比较现实，看重价格、质量、服务、品牌知名度等多重信息。目前外国品牌手机在大学生脑海中印象比较好，觉得外国品牌手机比中国品牌手机在质量、服务和品牌知名度等方面都好于中国品牌手机，因此大学生在外显态度上更偏好外国品牌手机，并且如果有机会免费获得一款新手机，他们大多数会选择外国品牌手机。这个结果反映出大学生对中国品牌手机存在一定程度的偏见。

然而在内隐层面，IAT 的结果显示相对外国品牌手机，大学生更偏好中国品牌手机。可能在大学生潜意识里是偏好中国品牌的，毕竟都是中国人。中国人偏好中国人自己的品牌是合情合理的。只是现实中出于对商品质量、服务和品牌知名度的考虑，觉得买外国品牌手机更放心些，所以选择了外国品牌手机。可以假设当中国品牌不断发展成熟，并能够与外国品牌相抗衡，甚至超过外国品牌时，相信偏好中国品牌的人会越来越多。

D1 与 D2 都是正值，并且差异不显著。可能是 SC-IAT 缺乏比较对象导致中国品牌手机 SC-IAT 并没有显著大于外国品牌手机 SC-IAT。在中国 – 外国手机品牌 IAT 中由于存在比较对象，所以产生了明显的态度差异。

5.4.2　SC-IAT 与传统 IAT 的比较

本研究试图将经典 IAT 与 SC-IAT 进行比较，探究两种内隐联想测验的不同特点。发现这两种内隐联想测验存在一致的地方：（1）都表明被试在内隐层面更偏好中国品牌手机。（2）彼此之间具有一定的相关性。D3 与 D2 呈显著负相关，但与 D1 相关不显著，可能是样本较小的原因。

如果样本增加, 可能 $D1$、$D2$ 和 $D3$ 彼此都相关。

这两种内隐联想测验也存在不一致的地方:(1)IAT 测量的是相对态度, 而 SC-IAT 测量的是整体态度。SC-IAT 中只涉及 1 个概念词, 考察的是被试对该概念词的整体态度。所谓整体态度是指被试在观念中对该概念词的整体认知评价, 是被试在过去经验中将该概念词与若干其他对象进行过的若干比较后产生的综合结果。比如对自我的评价, 自我在不同时间、不同情境下与不同的人进行比较会产生不同的自我评价, 将这些不同的自我评价综合起来就是一个对自我的整体评价。当涉及态度对象只有 1 个时, 或想了解被试对某对象的整体内隐态度时, IAT 就存在困难。(2)IAT 的测量结果与外显测量相关度较高, 而 SC-IAT 的测量结果与外显测量不相关。产生的原因可能是 IAT 存在相比较的态度对象, 在比较中更容易凸显出其态度特点。这也正是 IAT 的优势所在。同时也反映出 IAT 与 SC-IAT 揭示的是内隐态度的不同层面。(3)根据 IAT 测量的结果无法得知被试对每个对象的具体态度情况, 而 SC-IAT 可以做到。比如 IAT 测量发现被试相对外国品牌手机更偏好中国品牌手机, 那么可能有以下几种情况: 对中国品牌手机和外国品牌手机都持正面态度, 只是更偏好中国品牌手机; 对中国品牌手机持正面态度, 但对外国品牌手机持负面态度; 对中国品牌手机持中性态度, 但对外国品牌手机持负面态度。IAT 将无法判断是哪种情况, 也就是说, 无法判断被试究竟对外国品牌手机持正面还是负面态度, 具有一定模糊性。SC-IAT 则可以具体测量对每个态度对象的整体态度, 从而判断属于哪种情况。这两种内隐联想测验分别揭示了内隐态度的不同层面: IAT 测量的是相对内隐态度, 而 SC-IAT 测量的是整体内隐态度, 并能够提供对每个态度对象的具体内隐态度情况。

5.4.3 两个 SC-IAT 之差与 IAT 之间的关系

通过以上分析发现，中国手机品牌 SC-IAT 减去外国手机品牌 SC-IAT 之差与中国品牌－外国手机品牌 IAT 之间没有显著差异。说明对两个目标对象的单类内隐态度之差与包含两个目标对象的传统 IAT 之间有对等关系。其原因可能是两种内隐测验都是基于反应时范式，并且在操作方式和计分方法上十分相似。从这个角度来说，SC-IAT 依然可以实现相对内隐态度的测量。只需将二者相减，就得到二者的相对内隐态度。这个结果与研究三一致。

5.4.4 内隐态度与认知失调

认知失调理论认为当个体的认知与行为之间存在不一致时，认知失调就会产生，个体会通过改变认知或行为来消除这种失调状态。可是态度包括内隐态度和外显态度两种相对独立的结构，当内隐态度与行为不一致时会产生认知失调吗？个体会试图消除这种失调状态吗？本研究考察了内隐态度与认知失调的关系。

被试现有手机品牌与其对手机品牌态度的关系分析显示，部分被试（编号为 2、4、33 和 34 的被试）正在使用中国品牌手机却不喜欢中国品牌手机，但内隐喜欢中国品牌手机，属于图 8 的模式。图 8 是个稳定的模式吗？通过这些被试的品牌选择倾向可以得出答案。这些被试都倾向选择外国品牌手机作为奖品，反映出被试非常希望改变这种模式，所以图 8 的模式是不稳定的。

还有部分被试（编号为 20、26 和 30 的被试）正在使用中国品牌手机并在外显上喜欢中国品牌手机，但对中国品牌手机持有明显负面的内隐态度，属于图 9 的模式。图 9 的模式是稳定的吗？通过这些被试的品牌选择倾向可以得出答案。这些被试对于奖品的品牌持无所谓态度，反映出被试并没有试图改变当前模式的需要，所以图 9 的模式是稳定的。

Swanson 等（2001）在对污名行为（吸烟）的态度与行为一致性的研究中提出有待验证的假设：内隐态度与外显行为不一致并不会产生认知不适，除非将内隐认知上升到意识层面。本研究通过实验数据证实了该假设，即行为与外显态度一致时，认知系统是平衡稳定的；行为与外显态度不一致时，产生认知失调，个体试图改变当前模式。内隐态度与行为或外显态度是否一致并不影响整个认知系统。这也正好反映出内隐态度与外显态度是两个相对独立的结构。在意识层面，个体更关注行为与外显态度之间的关系。

通过将行为与个体外显态度和内隐态度之间关系的分析，可以发现认知失调理论在内隐态度领域中的特点，这正是依靠 SC-IAT 测量单一目标对象内隐态度的优势实现的，也进一步体现出 SC-IAT 相对于 IAT 在分析认知失调上的优势，验证了假设 H4。

5.4.5　研究的不足与展望

本研究的不足之处在于：样本量比较小，如果增加样本量可能会出现较多的变量之间的相关以及更好地反映群体的心理特征。未来研究需要增加被试量，可以尝试使用网络的方式让更多的被试不限时间、地点来完成实验，这样可以获得大量有价值的信息以及研究结果。

许静、梁宁建、王岩和王新法（2005）使用 GNAT 范式对内隐自尊的 ERP 进行研究。根据被试在 IAT 与 SC-IAT 实验中的 ERP 成分是否存在差别，从而发现这两种内隐过程在脑生理机制上的差异，也是未来研究的方向。

内隐社会认知是社会心理学的研究热点之一。SC-IAT 是基于传统 IAT 存在的不足而提出的，并且在测量单一态度对象的整体态度时具有明显优势。SC-IAT 的研究在国外已经开始，但在我国研究的很少。对于研究 SC-

IAT 的基本原理及特性有利于进一步扩展我国内隐社会认知领域的研究。未来需要进一步探讨 SC-IAT 的特性，比如 SC-IAT 测量的信度和效度。再比如 SC-IAT 的伪装效应，即被试在实验中假装对某态度对象具有正面或负面的态度，看这种伪装是否有效。这些研究都可以与传统 IAT 进行比较，从而更好地发现其特点及功效。

5.5　结论

（1）在外显层面，相对中国品牌手机，大学生更偏好外国品牌手机。然而在内隐层面，IAT 的结果显示，相对外国品牌手机，大学生更偏好中国品牌手机；SC-IAT 的结果显示大学生对中国品牌和外国品牌手机均持正面态度，且差异不显著。D1 能显著正向预测对中国品牌手机的外显态度，显著负向预测对外国品牌手机的外显态度。

（2）SC-IAT 相对于 IAT 在分析行为与内隐态度认知失调上具有优势。研究发现行为与外显态度不一致时，会产生认知失调，但行为与内隐态度不一致时，不会产生认知失调。

（3）研究四再次发现两个目标对象的 SC-IAT 内隐效应之差与包含两个目标对象的传统 IAT 内隐效应之间差异不显著，与研究三结果一致。说明 SC-IAT 可以用来测量相对内隐态度：只需将二者相减，就得到二者的相对内隐态度。

6 研究五：测量多个态度对象的 SC–IAT——以网站内隐偏好为例

6.1 引言

人类社会行为既受到意识的支配，又受到无意识的影响。人们对事物的态度也存在两个相对独立的部分：外显态度和内隐态度。外显态度受到主观意识支配，受社会赞许性影响；内隐态度可能反映的是个体真实的信念或行为倾向（Wilson, et al., 2000）。测量内隐态度的常用方法是内隐联想测验（IAT）（Greenwald, et al., 1998）。

然而 IAT 测量的仅仅是相对态度，其结果依赖于比较对象。对于只需要测量单一态度对象时，IAT 则无法实现（Karpinski, 2004）。针对经典 IAT 只能测量相对态度的问题，很多学者提出了评价单一态度对象的内隐测验方法，包括命中联系作业（GNAT）、外部情感西蒙作业（EAST）、单靶内隐联想测验（ST–IAT）和单类内隐联想测验（SC–IAT）（梁宁建，吴明证，高旭成，2003; 温芳芳，佐斌，2007）。

可是要评价多个态度对象时，内隐联想测验能实现吗？Bluemke 和 Friese（2008）首先利用 ST–IAT 测量了选民对德国 5 个政党的内隐偏好，其程序模式见表22。

表22　利用 ST-IAT 测量对德国5个政党的内隐偏好实验程序模式

步骤	任务描述	左键	右键	刺激数量		
				积极词	消极词	政党
1	练习	积极词	消极词	10	10	——
2	测试	积极 +CDU	消极	10	15	10
3	测试	积极	消极 +CDU	15	10	10
4	测试	消极	积极 +SPD	10	15	10
5	测试	消极 +SPD	积极	15	10	10
6	测试	积极 +FDP	消极	10	15	10
7	测试	积极	消极 +FDP	15	10	10
8	测试	消极	积极 +PDS	10	15	10
9	测试	消极 +PDS	积极	15	10	10
10	测试	积极 +GREEN	消极	10	15	10
11	测试	积极	消极 +DREEN	15	10	10

注：表中 CDU、SPD、FDP、PDS 和 GREEN 代表德国5个政党。

该研究存在一些问题：（1）练习阶段积极词在左，消极词在右，可是测试阶段有4个组积极词在右，消极词在左，这样会影响这4组的反应时；（2）10个测试阶段都没有设置练习阶段，被试会出现对操作不熟悉的现象，从而导致错误高或反应时比较长等情况；（3）5个政党出现的顺序不一样，会存在顺序效应。

在研究一、二、三和四中，SC-IAT 的概念类别只有1个，只能测量被试对单一目标对象的内隐态度。能不能将多个目标对象都整合到一个概念类别里，从而实现对多目标对象的内隐态度测量呢？本研究将尝试基于 SC-IAT 的方法来设计评价多态度对象的内隐联想测验。将多个态度对象整合到一个概念类别里。本研究以四个门户网站（新浪、网易、雅虎、搜狐）为例，借鉴 SC-IAT 的方法，测量被试对四个网站的内隐偏好。一方面了解样本群体对四个门户网站的态度，另一方面考察这种方法的可行性。这是该方法的首次尝试，不仅是对 SC-IAT 方法的进一步发展，也为内隐社会认知测量提供方法上的补充。

研究假设 H5：SC-IAT 能够测量个体对多个目标对象的内隐态度，并具有良好心理测量属性。

6.2 方法

6.2.1 被试

在某高校招募被试 46 名，男生 17 名，女生 29 名。有一名男生的数据由于错误率高于 10% 被剔除。有效数据包括 45 名被试（16 名男生，29 名女生）。所有被试的视力或矫正视力正常，了解电脑的简单操作。每位被试都给予了礼品。

6.2.2 实验材料

被试对四个网站的外显态度通过两道题来测量。第一道题是要求被试把四个门户网站按照喜欢程度排序；第二道题要求被试把四个门户网站按照使用的频率排序。

用 inquisit 3 编制了网站偏好内隐测验程序，该程序模式是基于单类内隐联想测验的设计，见表 23。

表 23 网站偏好内隐测验程序模式

步骤	实验次数	功能	"A"键	"L"键
1	40	练习	网站＋快乐	不快乐
2	120	测试	网站＋快乐	不快乐
3	40	练习	快乐	网站＋不快乐
4	120	测试	快乐	网站＋不快乐

概念类别"网站"选取大学生熟悉的主流门户网站：新浪、网易、雅虎、搜狐。每个网站都使用四个具有代表性的文字和图片。属性类别选自中国情绪面孔系统（CAFPS）。"快乐"的图片选取 3 张男性和 3 张女性的快乐面孔；"不快乐"的图片选取 3 张男性和 3 张女性的悲伤面孔。这些图片的认同度大于 90%，情绪强度水平大于 5。概念与属性类别的刺激材料

见表24。

表24 多个网站内隐偏好测量的刺激材料

	新浪	新浪	sina	www.sina.com	sina新浪网 sina.com.cn
网站	网易	网易	wangyi	www.163.com	網易 NETEASE www.163.com
	雅虎	雅虎	yahoo	www.yahoo.com	YAHOO!
	搜狐	搜狐	sohu	www.sohu.com	搜狐 SOHU.com
快乐					
不快乐					

实验程序进行了可用性测试，具体方法与研究一中的 2.2.3 一致。通过可用性测试后，对实验程序修改完善，直到被试能够顺利识别实验指导语、文字、图片，并顺畅地正确操作按键为止。大部分被试在 6 分钟之内可以完成实验程序（网站 SC-IAT），错误率均低于 20%。

6.2.3 实验程序

被试要求在规定的时间到达实验室，统一宣读指导语。每位被试先在电脑上完成一份问卷，再进行实验（网站 SC-IAT）。每个被试完成实验任务不超过 10 分钟。

网站 SC-IAT 是要求被试进行分类任务。如果屏幕中间的图片信息属于左边类别，就按"A"键；如果属于右边类别，就按"L"键。要求在确保准确的情况下尽量快速反应。如果反应正确会在屏幕中间呈现 200ms 的绿色"√"，如果错误会在屏幕中间呈现 200ms 的红色"×"。概念和属性图片在屏幕中间呈现的尺寸都统一为 110×110。内隐实验只记录测试阶段的反应时，练习阶段的数据结果不记录。实验中概念图片共有 16 种，而喜欢和不喜欢图片各 5 种，如果设定为左右按键比率一样的话，那么属性图片在实验中就会出现很多次，而每个网站的图片出现的次数就比较少，达不到实验要求，因此程序设计中，"网站"、"喜欢"和"不喜欢"出现的比率是 1:1:1。这样在步骤 2 中按左键的比率为 66.7%，按右键的比率为 33.3%。步骤 4 中按左键的比率为 33.3%，按右键的比率为 66.7%。实验中由于左右按键的比率有差别，那么存在反应偏差的被试比没有反应偏差的被试错误率可能偏高，所以本研究收集错误率低于 10% 的数据（比传统的 20% 要低）。

6.2.4 数据分析方法

被试对四个网站的喜欢程度排序（最喜欢的排在第一个），排第一位的记为 1，第二位的记为 2，第三位的记为 3，第四位的记为 4。被试对四个网站的使用频率排序（最常用的排在第一个），排第一位的记为 1，第二位的记为 2，第三位的记为 3，第四位的记为 4。

将每位被试属性类别的反应时删除，只保留概念类别的反应时。然后将每个网站单独提取出来分析每个网站的内隐效应。本研究中每个网站的相容反应时和不相容反应时各在 10 左右。将单次实验反应时高于 10000ms，低于 400ms 的数据删除，将错误反应时替换成其所属组块的正确反应的平均反应时加上 400ms 的惩罚。内隐效应计分方法统一采用 D 分数法（Greenwald, Nosek, & Banaji, 2003）。四个网站的内隐效应记为 D1、D2、D3、D4，D 值越大，则被试对网站的偏好程度越高。实验结果的数据使用 SPSS 15.0 进行分析。

　　具体 SPSS 的实现过程如下：将被试的 .dat 数据文件复制并粘贴到记事本；从 SPSS 中打开该记事本；检查变量为反应时（latency）的一列数据（一般是变量 V17），将高于 10000ms 和低于 400ms 的数据删除，同时可以通过正误变量（V16）计算错误率，剔除错误率高于 20% 的被试；对组块变量（一般是 V5）进行分组，data—split file；计算正确反应与错误反应的平均反应时，analyze—Compare Means—Means，选择反应时变量（V17）和正误变量（V16）进行分析；对错误反应时进行增加反应时替换；取消组块变量（V5）的分组，data—split file—don't create groups；计算相容任务和不相容任务的平均反应时，analyze—Compare Means—Means，选择反应时变量（V17）和组块变量（V5）；计算所有正确反应时的标准差，analyze—Compare Means—Means，选择反应时变量（V17）和正误变量（V16）；然后将不相容任务的反应时减去相容任务的反应时，再除以所有正确反应时的标准差，就得到 D 分数（整个过程在刚开始摸索时比较慢，但熟练之后就能很快算出 D 分数）。

6.3　结果

6.3.1　测量的信度

　　在网站 SC–IAT 实验中，将每位被试的两个测试阶段按奇偶分成两部分（每部分包含 60 个实验试次），分别计算两个部分的 D 值并计算相关系数，并进行 Spearman–Brown 校正。校正后，实验的信度系数为 0.61。信度偏低的原因可能是概念类别"网站"包含了四个不同的网站刺激，被试对每个网站具有不同的喜好程度。

　　内部一致性系数的 SPSS 实现过程如下：增加一个奇偶分组变量（如

"奇偶"），其值为 1、2、1、2……，这样实验试次顺序为奇数的就赋值为 1 了，实验试次顺序为偶数的就赋值为 2 了；对变量"奇偶"进行分组，data—split file，选择变量"奇偶"；计算相容任务和不相容任务平均反应时，analyze—Compare Means—Means，选择反应时变量（V17）和组块变量（V5）；计算正确反应时的标准差，analyze—Compare Means—Means，选择反应时变量（V17）和正误变量（V16）；分别计算出奇数组和偶数组的 D 分数。

6.3.2 被试对四个门户网站的喜好

计算每个网站的喜好等级之和，结果见表 25。

表 25 被试对四个门户网站的外显与内隐态度

	新浪	网易	雅虎	搜狐
喜欢等级和	72	123	135	120
使用等级和	80	113	130	126
D 分数	0.26	0.08	0.24	0.21

注：喜欢等级的数值越低，表示喜欢程度越高。使用等级越低，表示使用越频繁。D 分数越高，则在内隐层面偏好程度越高。

采用 Kramer 检验法考察被试对四个网站偏好的整体差异以及网站间的多重比较（Lawless & Heymann, 2001; 马蕊，张爱霞，& 生庆海，2007）。整体差异比较。将最大秩和减去最小秩和之差与 Kramer 检验临界值比较。如果大于或等于临界值，则可以判定网站之间的态度存在显著差异；反之，则无显著差异。查询 Basker 表格中对应的评价员数（45）和样品数（4），得 $\alpha<0.05$ 时的最小临界值为 31.5。雅虎（135）– 新浪（72）=63>31.5，可以得出被试对四个门户网站的偏好存在显著差异。网站态度间的多重比较。根据以上同样的道理，将两两之间的秩和差值与临界值比较。搜狐（120）– 新浪（72）=48>31.5，网易（123）– 搜狐（120）=3<31.5，雅虎（135）– 网易（123）=12<31.5。可以推断被试对新浪的偏好程度与其他三个网站差异显著，被试对网易、雅虎和搜狐的偏好程度无显著差异。即被试更喜欢

新浪，对网易、雅虎和搜狐的喜欢程度一样。

6.3.3　被试对四个门户网站的使用频率

被试对四个门户网站的使用情况见表 25。同样采用 Kramer 检验法考察被试对四个网站使用情况的整体差异以及网站间的多重比较。将两两秩和之差与临界值进行比较。雅虎（130）–新浪（80）=50>31.5，网易（113）–新浪（80）=33>31.5，雅虎（130）–网易（113）=17<31.5，搜狐（126）–网易（113）=13<31.5。可以推断被试对新浪的使用频率高于其他三个网站，被试对网易、雅虎和搜狐的使用频率无显著差异。

6.3.4　被试对四个门户网站的内隐偏好

被试对四个门户网站的内隐效应见表 25。4 个 D 分数分别与数值 0 比较，进行单样本 t 检验，结果分别为 $t(44)=2.30$，$p<0.05$，$d=0.44$；$t(44)=0.97$，$p>0.05$，$d=0.18$；$t(44)=2.03$，$p<0.05$，$d=0.38$；$t(44)=2.12$，$p<0.05$，$d=0.39$。数据说明被试对新浪、雅虎和搜狐均持显著正面内隐态度，对网易持中性态度。将 $D1$、$D2$、$D3$ 和 $D4$ 进行两两配对 t 检验，发现新浪、雅虎和搜狐之间差异不显著，但这三者均与网易差异显著（$t(44)=2.51$，$p<0.05$，$d=0.53$；$t(44)=2.32$，$p<0.05$，$d=0.49$；$t(44)=2.24$，$p<0.05$，$d=0.47$）。说明在内隐层面被试对新浪、雅虎和搜狐的喜欢程度是一样的，对网易的喜欢程度要低于其他三个网站。

6.3.5　外显喜欢程度与内隐态度之间的关系

为了更加直观地反映被试对四个网站的外显和内隐态度，对数据进行转换。将表 25 中喜欢等级和除以总人数，得到平均喜欢等级，然后用 5 减去平均喜欢等级，得到平均喜欢程度指标。被试对新浪、网易、雅虎和搜狐的平均喜欢程度分别为 3.40，2.27，2.00 和 2.33。被试对四个网站的平均喜欢程度与内隐效应 D 分数可以用图直观地反映出来，见图 10（误差线是 95% 的置信区间）。

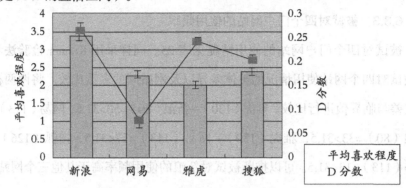

图 10　被试对四个网站的平均喜欢程度和内隐态度

从图 10 中，可以清楚地看出被试对新浪不仅在外显喜欢程度上而且在内隐偏好上都是最高的。被试对网易不仅在外显喜欢程度上而且在内隐偏好上都较低。说明外显测量与内隐测量具有较高一致性。

6.4　讨论

6.4.1　被试对四个网站的外显态度和内隐态度

根据以上结果发现，被试更加喜欢新浪，对于网易、雅虎和搜狐的喜欢程度一样。被试使用新浪更频繁一些，对于网易、雅虎和搜狐使用频率差不多。被试的喜欢程度与使用频率是一致的，态度与行为具有一致性。同时也在一定程度上反映出外显态度测量的可靠性。根据内隐实验的结果发现，被试在内隐层面对新浪、雅虎和搜狐喜欢程度一样，对网易持中性态度。

6.4.2　外显态度与内隐态度的关系

将外显态度与内隐态度进行比较发现，既存在一致的地方，也有不一致的地方。一致的地方在于：无论是外显测量还是内隐测量都显示对新浪的喜欢程度是排第一位的；网易的排名比较靠后。不一致的地方在于：外显测量时，雅虎和搜狐排名靠后，但内隐测量时它们又和新浪是排在同一位置的。这种不一致在内隐测量中是常见现象，可能是因为雅虎和搜狐在被试观念里印象是比较好的，但很少用到。四个网站都具有提供信息的功能，在发布的信息上存在很多重复的部分。上网者没必要每个网站都浏览，如果一个网站能够提供自己所需信息，那么他或她就不大可能再浏览其他具有相似信息的网站。研究结果显示被试大多通过新浪来获取信息或进行信息交流。

对于雅虎和搜狐，虽然外显喜欢程度和使用频率不高，但内隐偏好较好。这两个网站可以试图提供大量能够满足网民需要的独特信息来获取网民的喜爱。

6.4.3　评价多态度对象的内隐联想测验的可行性

利用 SC–IAT 的方法来比较多个对象的内隐态度，是首次尝试。概念类别"网站"包含了四个不同网站的刺激材料，每个刺激随机呈现。统计发现不同网站的内隐效应存在差别，这种差别只能解释为个体对不同网站的内隐态度存在差异。因此这种基于 SC–IAT 的评价多态度对象的内隐联想测验是可行的，验证了假设 H5。该方法比基于 ST–IAT 的设计要好：首先，实验中使用了练习阶段，可以有效减少错误率，并且信度较高；其次，不同概念类别随机呈现，避免了顺序效应；最后，实验设计比较简单，具有可推广性。当外显态度很难测出个体的真实想法时，或个体在若干态度对象上无外显态度差异时，都可以尝试这种方法，比如用于人员选拔、产品评价等领域。

6.4.4　不足与展望

本研究的不足之处在于样本量比较小，所测量的对四个门户网站的偏好结果仅局限于所选取的被试，并不能推广到所有用户。本研究的主要目的重在探讨基于 SC-IAT 的评价多个态度对象的内隐测验方法的可行性。未来可以尝试在线收集数据，提高样本的代表性。未来可以尝试将 ST-IAT 和 SC-IAT 两种方法同时用来测量多个态度对象，从而更好地评估测验的信效度指标。

6.5　结论

（1）外显测量显示，被试更喜欢新浪，对网易、雅虎和搜狐的喜欢程度一样。被试使用新浪更多一些，对网易、雅虎和搜狐的使用频率一样。

（2）在内隐层面，被试对新浪、雅虎和搜狐的喜欢程度是一样的，都是显著正面态度；对网易持中性态度。

（3）被试对概念类别"网站"所包含的四个网站的内隐效应差异显著，说明这种基于 SC-IAT 的评价多态度对象内隐联想测验能够将多个目标对象的内隐态度区分开来，并单独计算，是对 SC-IAT 的新的发展。

7　研究六：单一组块的 SC-IAT ——以内隐性别角色认同为例

7.1　引言

　　众所周知，性别有生理性别（sex）和心理性别（gender）之分。前者指男性和女性的生理差别，后者指男女两性在社会文化的建构下形成的性别特征和差异。科尔伯格认为，性别认同是指个体对自己性别状态的认识、理解或自我意识。Schaffer 认为，性别角色认同指对自己和他人性别的正确的标定（张文新，1999）。这一类的概念的最大特点是强调个体对生理性别的一种心理认同。而另一种定义则从男女两性在社会文化的影响下形成的社会性别对性别认同进行定义。如时蓉华（时蓉华，1999）认为性别角色是指属于特定性别的个体在一定社会和群体中占有的适当位置，及其被该社会和群体规定了的行为模式。林崇德（林崇德，2002）认为，性别角色认同指获得真正的性别角色，即根据社会文化对男性、女性的期望而形成相应的动机、态度、价值观和行为，并发展为性格方面的男女特征，即所谓的男子气和女子气。本文所谓的性别认同是指后者，即对社会文化期待的适合个人性别群体的理想行为模式的认可程度，或叫社会性别角色认同。

目前，性别认同的测量主要采用性别角色量表。贝姆性别角色量表是第一个用来测量相互独立的性别角色的测量工具，也是使用最广泛的测量工具（Bem, 1974; Bem & Lenney, 1976a; Bem, Martyna, & Watson, 1976b）。该量表根据被试自陈是否具有社会赞许的男性化或女性化性格特征来评价其男性化和女性化程度。采用7点量表，包括60个描述性格特征的形容词，男性化量表20个，女性化量表20个和中性化20个。但贝姆性别角色量表植根于美国文化，并且该量表至今已有近40年历史，人们开始担心其使用的信效度问题。为了使贝姆性别角色量表能够适用于中国大学生群体，我国学者卢勤和苏彦捷（2003）对该量表进行了考察与修订，包括14项男性化条目和12项女性化条目。修订后的量表具有良好的信效度指标。该量表与钱铭怡等（2000）编制的大学生性别角色量表（CSRI）进行了对照，具有一致性。

仅仅通过自陈量表的方式测量性别认同是不够的，自从内隐联想测验出现（Greenwald, et al., 1998），人们开始关注内隐性别认同。Greenwald 和 Farnham（2000）采用 IAT 方法测量了大学生的内隐性别自我概念（Implicit Gender Self-concept）。概念词是 Self 和 Other，属性词是 Masculine 混合 Feminine。我国学者蔡华俭和杨治良（蔡华俭，2002）运用外显的自陈式量表和自行设计的内隐联想测验来研究大学生的性别自我概念，发现性别自我概念是一个双重的结构：包括一个内隐的性别自我概念和一个外显的性别自我概念。目前，对于内隐性别认同的测量大多采用传统 IAT 方法，即在内隐实验中同时出现一对相反的目标概念词（Self 和 Other），这样测得的内隐态度实际上是相对内隐态度，而不是对自己性别角色的整体态度。然而，外显测量的性别角色量表则是反映个体对自己性别角色的整体态度，将这个外显测量结果与 IAT 测量的结果进行对比存在问题。

单类内隐联想测验（SC–IAT）是 Karpinski 和 Steinman（2006）提出的用来测量单一态度对象与不同属性词之间的联结强度的内隐测验方法。他用 SC–IAT 测量了苏打饮料品牌偏好，自尊和种族态度。但是，SC–IAT 在实验程序的组块安排上与传统 IAT 有相似之处，如先完成相容任务，再完成不相容任务。那么两个任务的反应时之差会不会是因为先前组块的定势作用造成的呢？在研究一中，专门探讨了这种组块顺序效应。研究一通过在组块之间进行顺序平衡，并没有发现组块顺序效应。但是，如果被试容易受定势影响，并且第二个任务的正式实验前安排的练习不能完全消除第一个任务的影响时，组块顺序的安排会对内隐效应产生影响。因此，被试的心理特点与组块顺序效应可能有关系。虽然通过组块之间顺序平衡可以解决这个问题，但这样会增加被试量。如果被试能够在两个组块之间进行随机测试，那么也可以降低潜在的组块顺序效应。Teige–Mocigemba、Klauer 和 Rothermund（2008）提出了单一组块的内隐联想测验（Single Block IAT，简称 SB–IAT），将相容任务和不相容任务整合在同一个屏幕里，如上半部分是相容任务，下半部分是不相容任务。如果刺激词出现在上半部分就进行相容任务分类，如果刺激词出现在下半部分就进行不相容任务分类，刺激词随机在上下两个部分出现。结果显示该方法具有满意的测量学指标。本研究借鉴 Teige–Mocigemba 等提出的 SB–IAT 的思想对 SC–IAT 进行改进，将相容任务与不相容任务整合到一个组块里，形成单一组块的单类内隐联想测验（Single Block Single Category Implicit Association Test，简称 SB–SC–IAT）。

本研究采用贝姆性别角色量表（中文修订版）、性别认同 SC–IAT 和性别认同 SB-SC-IAT 对大学生被试进行测量，目的是探讨大学生性别角色认同的特点；考察 SC-IAT 和 SB-SC-IAT 测量性别认同的可行性及与外显测量结果的关系；比较两种内隐测量方法的优缺点。本研究将进一步推动 SC-IAT 在我国内隐社会认知的应用与发展。

研究假设 H6：相比传统 SC-IAT，SB-SC-IAT 具有良好的心理测量属性，是对 SC-IAT 的良好改进。

7.2 方法

7.2.1 被试

在某高校招募被试 54 名，男生 24 名，女生 30 名。所有被试的视力或矫正视力正常，了解电脑的简单操作。每位被试都给予了礼品。其中 3 名被试数据删除：1 名男生数据不全，2 名被试（1 名男生，1 名女生）错误率高于 20%。有效被试为 51 名（22 名男生，29 名女生）。

7.2.2 实验材料

性别认同外显测量采用贝姆性别角色量表（中文修订版）。卢勤和苏彦捷（2003）对使用得最为广泛的 Bem 性别角色量表进行了修订，包括 14 项男性化条目和 12 项女性化条目。修订后的量表具有良好的信效度指标。

性别认同内隐测量采用两种方法：单类内隐联想测验（SC-IAT）和单一组块的单类内隐联想测验（SB-SC-IAT）。用 inquisit 3 编制了两个内隐性别角色认同实验。实验 1 是 SC-IAT，实验 2 是 SB-SC-IAT。SB-SC-IAT 包含两个版本："我、男性特征"在上半屏幕和"我、男性特征"在下半屏幕，其目的是为了平衡刺激呈现的位置效应。实验的程序模式见表 26 和表 27。

表 26　内隐性别角色认同 SC-IAT 的程序模式

步骤	实验次数	功能	"A"键	"L"键
1	20	练习	我、男性特征	女性特征
2	40	测试	我、男性特征	女性特征
3	20	练习	男性特征	我、女性特征
4	40	测试	男性特征	我、女性特征

表 27　内隐性别角色认同 SB-SC-IAT 的程序模式
（"我、男性特征"在上半屏幕）

步骤	实验次数	功能	电脑屏幕呈现样式	
1	30	练习	我、男性特征	女性特征
			+	
			+	
			男性特征	我、女性特征
2	60	测试	我、男性特征	女性特征
			+	
			+	
			男性特征	我、女性特征

注：表中"+"表示刺激出现位置的光标提示，呈现时间为 200ms。

在某高校社会心理学公选课上，通过开放式问题收集概念词与属性词的材料。通过开放式问卷，要求学生写出与"我"意思相近的词语 5 个，并写出能够代表男性化和女性化特征的词语各 5 个，然后回收统计，分别得出提名频率最高的前 5 个词语。代表"我"的词语有：我、自己、本人、我的、自个；代表"男性"的词语有：攻击、好斗、独立、强壮、勇敢；代表"女性"的词语有：温柔、敏感、同情、柔弱、依赖。

实验程序 SB-SC-IAT 进行了可用性测试，具体方法与研究一中的 2.2.3 一致。通过可用性测试后，对实验程序修改完善，直到被试能够顺利看懂实验指导语，并按要求正确操作按键。大部分被试可以在 3 分钟之内完成 SB-SC-IAT，错误率均低于 20%。

7.2.3　实验过程

每位被试先在电脑上完成贝姆性别角色量表（中文修订版），再分别进行实验 1（SC-IAT）和实验 2（SB-SC-IAT）。被试进行实验 2（SB-SC-IAT）

的版本是随机安排的（学号为奇数的操作第一个版本，学号为偶数的操作第二个版本）。每个被试完成所有任务不超过 15 分钟。

实验 1 的指导语为：您好！请把您左右手的食指分别放在键盘的"A"键和"L"键上。屏幕上方左右两边将会出现两个词语类别组，屏幕中央会出现一个我们熟悉的词。您将要进行一个分类任务，当屏幕中央的词属于左边类别时，请按 A 键；当屏幕中央的词属于右边类别时，请按 L 键。请在确保准确的前提下尽可能快地完成任务。实验 2 的指导语为：您好！您将要进行一个分类任务，请把您左右手的食指放在键盘的"A"键和"L"键上。屏幕被中间的 * 号分成上下两个部分。当刺激词出现在上半部分时，请判断它属于上方哪个类别，如果属于左边类别，就按 A 键，属于右边就按 L 键。当刺激词出现在下半部分时，请判断它属于下方哪个类别，如果属于左边类别，就按 A 键，属于右边就按 L 键。请在确保准确的前提下尽可能快地完成任务。

如果被试反应正确，屏幕中间会呈现 200ms 的绿色"√"；如果错误，屏幕中间会呈现 200ms 的红色"×"。两个内隐实验均只记录测试阶段的反应时，练习阶段的数据结果不记录。在实验 1 中，为了使左右按键的比率一样，对刺激出现的频率进行了设定：步骤 2 中，代表"我"、"男性特征"和"女性特征"的词按照 1:1:2 的频率出现；步骤 4 中，代表"男性特征"、"我"和"女性特征"的词按照 2:1:1 的频率出现。

7.2.4　数据分析方法

贝姆性别角色量表（中文修订版）计分方法：如果男性化量表得分和女性化量表得分都大于 4 的话就是双性化，只有男性化量表高于 4 分就是男性化，只有女性化量表高于 4 分就是女性化，两个都低于 4 分就是未分化。代表男性化的题目为 1，2，3，5，7，9，10，12，14，16，20，22，23，

25，将这些项目分数相加除以 14 得到男性化分数；代表女性化的题目为 4，6，8，11，13，15，17，18，19，21，24，26，将这些项目分数相加除以 12 得到女性化分数。对于男性被试，用男性化得分减去女性化得分，得到其性别角色得分；对于女性被试，用女性化得分减去男性化得分，得到其性别角色得分。性别角色得分越高，则表明被试在外显层面更认同自己的性别。

Greenwald、Nosek 和 Banaji 于 2003 年对内隐实验的数据处理方法提出了很多改进。删除错误率高于 20% 的实验数据（两个实验中只要有一个实验的错误率高于 20% 就要删除该被试的所有数据）。单次实验反应时高于 10000ms，低于 400ms 的要删除。错误反应的反应时要进行修改：将错误反应时替换成其所属组块的正确反应的平均反应时加上 400ms 的惩罚（这是遵循 Karpinski 等的分数处理方法）。内隐效应计分方法统一采用 D 分数法。其计算方法是用被试不相容任务的平均反应时减去相容任务的平均反应时，再用这个差除以该被试所有正确反应（不包含原先错误反应）的反应时的标准差。两个内隐实验的 D 分数分别记为 $D1$、$D2$。

对于男性被试，实验 1 中假定步骤 2 为相容任务，步骤 4 为不相容任务；对于女性被试，实验 1 中假定步骤 4 为相容任务，步骤 2 为不相容任务（见表 26）。对于男性被试，实验 2 中上半部分是相容任务，下半部分是不相容部分；对于女性被试，下半部分是相容任务，上半部分是不相容任务（见表 27）。$D1$、$D2$ 越大，则被试在内隐层面更认同自己的性别角色。实验结果的数据使用 SPSS 15.0 进行分析。

具体 SPSS 的实现过程如下：将被试的 .dat 数据文件复制并粘贴到记事本；从 SPSS 中打开该记事本；检查变量为反应时（latency）的一列数据（一般是变量 V17），将高于 10000ms 和低于 400ms 的数据删除，同时可以通过正误变量（V16）计算错误率，剔除错误率高于 20% 的被试；对组块变量（一般是 V5）进行分组，data—split file；计算正确反应与错误反应的平均反应时，analyze—Compare Means—Means，选择反应时变量（V17）和正误变量（V16）进行分析；对错误反应时进行增加反应时替换；取消组块变量（V5）的分组，data—split file—don't create groups；计算相容任务和不相容任务的平均反应时，analyze—Compare Means—Means，选择反应时变量（V17）和组块变量（V5）；计算所有正确反应时的标准差，analyze—Compare Means—Means，选择反应时变量（V17）和正误变量（V16）；然后将不相容任务的反应时减去相容任务的反应时，再除以所有正确反应时的标准差，就得到 D 分数（整个过程在刚开始摸索时比较慢，但熟练之后就能很快算出 D 分数）。

7.3　结果

7.3.1　测量的信度

7.3.1.1　外显测量的信度

对施测的贝姆性别角色量表（中文修订版）进行内部一致性系数分析，由 14 条男性化项目构成的男性分量表的内部一致性系数 α =0.86；由 12 条女性化项目构成的女性分量表的内部一致性系数 α =0.86。

7.3.1.2　内隐测量的信度

SC–IAT 的信度计算方法为，将每位被试的两个测试阶段按奇偶分成两部分（每部分包含 20 个实验试次），分别计算两个部分的 D 值并计算相关系数。由于是分半后的信度系数，需要进行 Spearman–Brown 校正。校正后，实验 1 的信度系数为 0.71。SB–SC–IAT 的信度计算方法为，将数据结果按照任务类别进行归类（相容任务和不相容任务），然后按照 SC–

IAT 的方法进行计算信度，实验 2 的信度系数为 0.68。

内部一致性系数的 SPSS 实现过程如下：增加一个奇偶分组变量（如"奇偶"），其值为 1、2、1、2……，这样实验试次顺序为奇数的就赋值为 1 了，实验试次顺序为偶数的就赋值为 2 了；对变量"奇偶"进行分组，data—split file，选择变量"奇偶"；计算相容任务和不相容任务平均反应时，analyze—Compare Means—Means，选择反应时变量（V17）和组块变量（V5）；计算正确反应时的标准差，analyze—Compare Means—Means，选择反应时变量（V17）和正误变量（V16）；分别计算出奇数组和偶数组的 D 分数。

7.3.2　性别认同外显测量结果

调查的大学生被试中性别与性别角色类型的交叉列联表分析见表 28。

表 28 的结果显示，被试中没有出现未分化的个体。双性化的被试较多，男性占 68.2%，女性占 44.8%。

男性性别角色认同平均得分为 –0.39，女性性别角色认同平均得分为 1.06，独立样本 t 检验显示，$t（49）=-4.67$，$p<0.01$，$d=1.18$，说明性别差异非常显著。

被试的性别角色得分（计算方法见 7.2.4）的平均值为 0.61，将该平均值与数值"0"进行单样本 t 检验，$t（50）=3.55$，$p<0.01$，$d=0.50$，说明整体上被试在外显层面认同自己的性别角色。

表 28　被试性别与性别角色类型的交叉列联表（单位：人）

		男性	女性
	男性化	5	2
	女性化	2	14
	双性化	15	13
	未分化	0	0
	累计	22	29

7.3.3 性别认同内隐测量结果

性别角色SC-IAT测得的$D1$=0.06，SD=0.18，与数值"0"进行单样本t检验，$t（50）$=2.45，$p<0.05$，d=0.34，说明内隐效应显著，被试在内隐层面认同自己的性别角色。性别角色SB-SC-IAT测得的$D2$=0.03，SD=0.08，与数值"0"进行单样本t检验，$t（50）$=2.67，$p<0.01$，d=0.37，说明内隐效应显著，被试在内隐层面认同自己的性别角色。将$D1$和$D2$进行配对样本t检验发现，$t（50）$=1.17，$p>0.05$，d=0.23。说明两种内隐实验方法的测量结果一致。$D1$和$D2$的性别差异t检验显示，差异均未达到显著水平。

7.3.4 内隐测量与外显测量的比较

将被试的外显性别角色、性别认同SC-IAT（$D1$）和性别认同SB-SC-IAT（$D2$）计算Pearson积差相关，见表29。

表29　外显性别角色、$D1$和$D2$的相关（n=51）

	外显性别角色	性别认同 SC-IAT（$D1$）	性别认同 SB-SC-IAT（$D2$）
外显性别角色	1	—	—
性别认同SC-IAT（$D1$）	−0.21	1	—
性别认同SB-SC-IAT（$D2$）	0.08	0.15	1

表29的结果显示，三者彼此之间相关均不显著，说明性别认同的外显测量与内隐测量是两个独立的结构。

7.4 讨论

7.4.1 大学生被试性别角色认同的特点

从整体上看，被试在外显层面认同自己的性别角色，性别角色与自身性别不符的占7.8%（男生占9.1%，女生占6.9%）。其中双性化的学生占的比重较多（男生占68.2%，女生占44.8%）。未分化的学生没有。这种现象与被试群体的年龄特征有关。个体在社会化的过程中不仅在同性别群体中习得了相应的性别角色特征，同时在与异性群体的交往中习得了异性中相应的性别角色特征。同时习得男女两性中优秀的心理品质更有利于个体的适应。在西方研究中发现，双性化个体有较好的心理健康水平（Whitley，1983），较高的人际适应水平和较高的自尊（Wang, 2007）。在国内相关领域的研究中，双性化有较好的心理健康水平和社会适应性。如郭晗薇（2009）的研究表明，双性化个体的职业自我效能感最高；张赫（2008）的研究表明，双性化个体在人际和谐性上明显优于其他个体。因此说明被试群体较好的性别角色特征，有利于适应未来的社会生活。

另外，两个内隐测量的内隐效应均达到显著水平，并且都显示被试在内隐层面认同自己的性别角色。但外显与内隐的结果并不相关，这与态度双重结构理论相符（Wilson, et al., 2000）。

7.4.2　两种内隐测量方法的比较

根据以上结果，SC-IAT 与 SB-SC-IAT 存在很多一致性：（1）内隐效应都达到显著水平；（2）都显示被试在内隐层面对自己的性别角色认同；（3）都与外显测量相关不显著；（4）两种测量方法测得的内隐效应平均值无显著差异。但 SB-SC-IAT 存在优于 SC-IAT 的地方：（1）将相容任务和不相容任务整合在一个屏幕中，只需要 1 个实验组块；（2）实验次数减少了；（3）很好地平衡了组块效应可能带来的误差（参见研究一中 2.4.2 部分）。因此，SB-SC-IAT 可以简化 SC-IAT 的研究，是对 SC-IAT 的进一步发展。

7.5　结论

（1）从整体上看，被试在外显层面认同自己的性别角色。其中双性化的学生占的比重较多（男生占 68.2%，女生占 44.8%）。性别角色与自身性别不符的占 7.8%（男生占 9.1%，女生占 6.9%）。未分化的被试没有。大学生外显性别角色认同存在显著差异，男性认同水平显著低于女性（t（49）=-4.67，$p<0.01$，$d=1.18$）。

（2）性别认同 SC-IAT 和 SB-SC-IAT 两个内隐测量的内隐效应均达到显著水平（t（50）=2.45，$p<0.05$，$d=0.34$；t（50）=2.67，$p<0.01$，$d=0.37$），并且都显示被试在内隐层面认同自己的性别角色，但外显测量与内隐测量相关均不显著。两种测量方法测得的内隐效应平均值无显著差异。另外，$D1$ 和 $D2$ 的性别差异 t 检验显示，差异均未达到显著水平。

（3）SB-SC-IAT 和 SC-IAT 相比，具有相似的心理测量指标，但具有较少的组块，是对 SC-IAT 方法的较好的改良。

8 总讨论

8.1 单类内隐联想测验的特点

8.1.1 单类内隐联想测验（SC-IAT）自动联想激活成分显著

借鉴 Jacoby 等人提出的自动加工和控制加工分离方法，以及 Conrey 等提出的对内隐联想测验进行加工过程分离的思想（Conrey, et al., 2005; Jacoby, 1991; Lindsay & Jacoby, 1994），本研究将 SC-IAT 的加工过程分为两种成分：自动联想激活（A）和控制加工过程（C）。结果显示，自动联想激活 A 成分显著。说明 SC-IAT 任务中的确包含了自动联想激活成分；同时，基于 D 分数算法的内隐效应代表的正好是实验中自动联想激活的成分。这些都是 SC-IAT 能够测量内隐态度的重要证据。

8.1.2 单类内隐联想测验（SC-IAT）顺序效应不显著

在研究一中，通过对我 SC-IAT 进行组块顺序平衡设计，发现不管是先进行相容任务，还是先进行不相容任务，对内隐效应并不产生显著影响，即组块效应不显著。其原因可能是第二个任务的正式实验前都安排了一定数量的练习，可以很好地克服第一个任务的定势影响。因此，正式实验前的练习阶段是不可缺少的。

但是，并不能完全肯定永远不会出现组块顺序效应。比如，被试是非常容易受定势影响的群体，那么这种定势的影响会较高，从而对内隐效应的测量产生影响。因此，被试的心理特点与组块顺序效应可能有密切关系。这个问题有待进一步研究。

一个被试连续进行两种内隐实验，内隐效应会不会受到影响呢？在研究一中也进行了分析和回答。对于两种内隐实验顺序进行平衡设计，发现实验顺序效应不显著。说明内隐实验是一种不容易受其他内隐实验影响的间接测量。其原因可能是内隐实验考察的是大脑自动化的加工，与大脑长时记忆中概念之间的联系程度是密切关联的，具有一定的稳定性。另外，D 分数的使用可以很好地减少先前内隐测验的影响（Greenwald, et al., 2003a），因为 D 分数不是直接使用原始反应时计算的，而是使用反应时除以正确反应时的标准差计算的，可以很好地降低内隐测验之间的影响。

8.1.3　单类内隐联想测验（SC-IAT）不易受外在诱导信息的影响

在研究二中，采用外显的正负诱导信息对老年人的外显和内隐态度进行 SC-IAT 和 IAT 测量，发现正负诱导信息只对外显态度产生显著影响，而对内隐态度（老年人 SC-IAT 和老年人 – 年轻人 IAT）不产生显著影响。说明通过自我报告得到的外显测量结果十分容易受到外界信息的干扰，不稳定。也说明基于自动加工过程的内隐态度和基于控制加工过程的外显态度之间是平行的，独立的，不会发生相互干扰。

根据记忆系统的三级加工理论（Atkinson & Shiffrin, 1968）和激活扩散模型（Collins & Loftus, 1975），呈现的诱导信息激活了长时记忆中关于老年人的正面或负面信息，并将其提取出来放在短时记忆里。外显态度主要存在于短时记忆结构里，受到短时记忆信息的影响，因此受到诱导信息的干扰。而内隐态度主要存在于长时记忆里，反映的是长时记忆的内容，反映的不是个体即时的态度，而是个体长时记忆里相对稳定的观念或信念，因此不受诱导信息的干扰。由此研究者提出态度的记忆结构假说，即外显态度来自于短时记忆，内隐态度来自于长时记忆，当短时记忆信息与长时记忆信息一致时，外显态度与内隐态度相关度高；当短时记忆信息与长时记忆信息不一致时，外显态度与内隐态度相关度低。这个假说可以解释为什么在一些情况下外显态度与内隐态度相关很低，是两个相对独立的结构。未来需要大量实证研究来进一步验证这个假说。

8.1.4 相对传统 IAT，单类内隐联想测验（SC-IAT）测量的是对某个态度对象的整体态度

在研究一中，传统 IAT 测量自尊依赖比较对象"他人"，因而测量的自尊是相对"他人"的自尊水平。"他人"是个模糊的概念，与不同的他人进行比较产生的自尊是不一样的。而我 SC-IAT 不依赖比较对象，只测量对自我的评价。这种评价是对自己生活中存在的与他人多次比较结果的一个整体反映。可以认为是对自我的整体评价。因此，研究者认为我 SC-IAT 测量的是整体内隐自尊，是个体长期多个社会比较的整体结果，是个体对自我的整体评价。

同样，在后面的研究中，老年人 SC-IAT 测量的是个体对老年人的整体内隐态度；农村人 SC-IAT 测量的是个体对农村人的整体内隐态度；中国手机品牌 SC-IAT 测量的是个体对中国手机品牌的整体内隐态度，等等。

8.1.5 相对传统 IAT，单类内隐联想测验（SC-IAT）能明确地测量对某单一对象的具体内隐态度

在研究二中，老年人 - 年轻人 IAT 的结果发现在内隐层面，相对于老年人，被试对年轻人持较多的正面刻板印象。但这个结果具有一定模糊性，即可能存在很多可能性：（1）被试对老年人和年轻人都持正面印象，但

对年轻人的正面印象更多；（2）被试对老年人和年轻人都持负面印象，但对年轻人持有的负面印象少一些；（3）被试对年轻人持正面印象，但对老年人持负面印象；（4）被试对年轻人持正面印象，但对老年人持中性态度。IAT 的结果将无法判断是哪种情况。SC-IAT 的结果可以给出答案，本研究属于上面的第四种情况。大学生对年轻人偏爱并没有对老年人产生贬损。

正是因为 SC-IAT 测量的是单一态度对象，所以它能够清楚地分辨个体对某一个对象的具体内隐态度，而不像传统那样只能得出模糊信息。这正是 SC-IAT 的优势之一。

8.1.6 两个 SC-IAT 之差与 IAT 之间的关系

通过研究三和研究四的结果发现，两个 SC-IAT 内隐效应之差与包括两个目标对象的 IAT 内隐效应之间不存在显著差异。例如，农村人 SC-IAT 减去城市人 SC-IAT 之差与农村人—城市人 IAT 之间没有显著差异。说明对两个目标对象的单类内隐态度之差与包含两个目标对象的传统 IAT 之间有对等关系。其原因可能是两种内隐测验都是基于反应时范式，并且在操作方式和计分方法上十分相似。从这个角度来说，SC-IAT 依然可以实现相对内隐态度的测量。只需将二者相减，就得到二者的相对内隐态度。这又是 SC-IAT 的一个优势。

8.2 单类内隐联想测验的应用

8.2.1 单类内隐联想测验（SC-IAT）在内－外群体偏爱中的应用

在研究三中，对内隐内—外群体偏爱进行了分析。在农村人—城市人 IAT 测量中，只能得出被试相对城市人来说对农村人的内隐态度。这个相对态度无法清楚地揭示被试对农村人或城市人究竟是偏爱还是贬损。比如，

农村人 – 城市人 IAT 的内隐效应是负值时，可能有以下几种情况：（1）对农村人和城市人都喜欢，但更喜欢城市人；（2）喜欢城市人，不喜欢农村人；（3）对农村人和城市人都不喜欢，但对城市人不喜欢的程度轻一些；（4）对农村人持中性态度，但对城市人持明显正面态度。通过农村人 SC–IAT 和城市人 SC–IAT 的测量可以清楚地知道对农村人和城市人的具体态度情况。结果发现，属于上面第四种情况。

8.2.2　单类内隐联想测验（SC–IAT）在产品品牌偏好中的应用

在研究四中，重点考察了被试自己持有手机品牌和对中国手机品牌、外国手机品牌的外显和内隐态度之间的一致关系。发现存在比较复杂的认知失调现象。部分被试正在使用中国品牌手机，但对中国品牌手机持有明显负面态度。这些被试正在使用自己不喜欢的手机品牌，认知与行为出现不一致，呈现认知失调的特点。但他们对中国品牌手机持有正面的内隐态度，即行为与外显态度相冲突，但与内隐态度保持一致。那么这些被试认知失调的情况比较复杂：外显失调，而内隐不失调。根据问卷调查结果，这些被试的品牌选择倾向是外国品牌手机。那么最终的品牌选择是为了缓解外显的失调。

还有部分被试正在使用中国品牌手机，但对中国品牌手机持有明显负面的内隐态度。这些被试外显行为与内隐态度出现不一致。但他们对中国品牌手机的外显态度是明显正面的。这些被试呈现外显不失调，而内隐失调的复杂状态。根据问卷调查结果，他们的品牌选择倾向是无所谓。可见内隐的认知失调并没有影响品牌选择。

可见，SC–IAT 不仅能够清楚地揭示个体对某单一对象的具体内隐态度，而且能够考察个体的内隐认知失调情况。并且发现，行为与外显态度发生冲突时，个体才会产生失调状态，从而努力缓解失调状态；而与内隐态度发生冲突时，不会产生失调状态。

8.3 单类内隐联想测验的发展

8.3.1 测量多个态度对象

在研究五中，利用 SC-IAT 的方法来比较多个对象的内隐态度，是首次尝试。概念类别"网站"包含了四个不同网站的刺激材料，每个刺激随机呈现。统计发现不同网站的内隐效应存在差别，这种差别只能解释为个体对不同网站的内隐态度存在差异。因此这种基于 SC-IAT 的评价多态度对象的内隐联想测验是可行的。该方法比基于 ST-IAT 的设计要好：首先，实验中使用了练习阶段，可以有效减少错误率，并且信度较高；其次，不同概念类别随机呈现，避免了顺序效应；最后，实验设计比较简单，具有可推广性。当外显态度很难测出个体的真实想法时，或个体在若干态度对象上无外显态度差异时，都可以尝试这种方法，比如用于人员选拔、产品评价等领域。

8.3.2 单一组块的单类内隐联想测验

在研究六中，将相容任务和不相容任务整合到一个组块里，形成单一组块的单类内隐联想测验（SB-SC-IAT）。根据测量结果，SC-IAT 与 SB-SC-IAT 存在很多一致性：（1）内隐效应都达到显著水平；（2）都显示被试在内隐层面对自己的性别角色认同；（3）都与外显测量相关不显著；（4）两种测量方法测得的内隐效应平均值无显著差异。但 SB-SC-IAT 存在优于 SC-IAT 的地方：（1）将相容任务和不相容任务整合在一个屏幕中，只需要 1 个实验组块；（2）实验次数减少了；（3）很好地平衡可能存在的组块顺序效应。因此，SB-SC-IAT 可以简化 SC-IAT 的研究，是对 SC-IAT 的进一步发展。

8.4 研究局限性和展望

8.4.1 样本量小

在以上六个研究中，每个研究使用的样本都比较小。主要原因是受场地限制，不可能安排成百上千的被试到机房进行实验。未来研究需要增加被试量，可以尝试使用网络的方式让更多的被试不限时间、地点来完成实验，这样可以获得大量有价值的信息以及研究结果。

8.4.2 实验程序中没有设计 D 值的自动计算功能

本研究所有的实验程序里都没有设计 D 值的自动计算功能。其原因是数据的处理需要比较复杂的过程，包括：删除错误率高于 20% 的实验数据；单次实验反应时高于 10000ms，低于 400ms 的要删除；错误反应的反应时要进行修改——IAT 实验将错误反应时替换成其所属组块的正确反应的平均反应时加上 600ms 的惩罚；SC-IAT 实验将错误反应时替换成其所属组块的正确反应的平均反应时加上 400ms 的惩罚；用被试不相容任务的平均反应时减去相容任务的平均反应时，再用这个差除以该被试所有正确反应的反应时的标准差，最后得到 D 值。很难将这些过程编进 inquisit 程序里。

在 inquisit 官方网站上下载的程序里有 D 值自动计算功能，但并没有对数据进行严格筛选，只是做了简单剔除。对于错误反应时的修改并没有加入程序中，这并不符合 Greenwald 等（2003a）的分数计算要求。

8.4.3 没有考察再测信度

本研究仅考察了内部一致性系数，但再测信度没有涉及。其原因是在研究中对被试再次进行相同的 SC-IAT 或 IAT 不太容易办到，而且意义也不大。一般来讲，内隐测验的再测信度都不是很理想（Egloff, et al., 2005;

Nosek, et al., 2007）。

8.4.4　SC–IAT 的特点有待进一步挖掘

本研究仅仅只涉及 SC–IAT 的组块顺序效应、诱导效应等特点，但是 SC–IAT 与传统 IAT 在大脑认知加工机制上是否存在差异呢？许静、梁宁建、王岩和王新法（2005）使用 GNAT 范式对内隐自尊的 ERP 进行研究。根据被试在 IAT 与 SC–IAT 实验中的 ERP 成分是否存在差别，从而发现这两种内隐过程在脑生理机制上的差异，也是未来研究的方向。

另外，SC–IAT 是否存在伪装效应？ Karpinski 等（2006）考察了该效应，发现被试可以伪装自己的态度，但会产生大量的错误。因此，通过删除较高错误率的数据，可以将这些伪装的被试排除在外。排除之后的数据将只有很小且不显著的伪装效应。

未来研究可以尝试探讨针对中国被试的伪装效应。考察被试能否在 IAT 或 SC–IAT 中进行态度伪装；伪装后，在数据上会出现什么特点；是否存在错误率很低的伪装者，他们所占被试的比例有多少等。

8.4.5　利用 SC–IAT 测量多个态度对象还需进一步实证研究

在研究五中，评价多个态度对象的 SC–IAT 还缺乏比较可靠的信效度指标。尤其是在预测外显态度方面没有足够的证据。未来可以尝试将它与 ST–IAT 一起来测量多个态度对象，看两者之间的结果是否一致，这样在比较中能更好地发现其特点。同时，看看哪个方法能更好地预测外显态度或行为。

8.4.6　SC–IAT 中属性类别依赖比较对象

虽然 SC–IAT 只包含单一态度对象，但是属性类别存在两个相对的类别。如在我 SC–IAT 中，除了概念类别我之外，还有两个属性类别：好和不好。"我"与"好"的联结程度是建立在与"不好"的比较之上的。

如果要测量单一对象与单一属性之间的联结程度，SC-IAT 就存在不足。未来可以尝试研究单一属性单一类别的内隐联想测验，评估一个对象与一个属性之间的联结程度，没有比较对象。

8.4.7 未来可以尝试测量新的内隐认知领域

近年来，国外学者逐步开始尝试使用 SC-IAT 来测量内隐态度，涉及一些较新的领域，如内隐焦虑、内隐危险知觉等（Dohle, Keller, & Siegrist, 2010; Lebens et al., 2011; O'Connor, Lopez-Vergara, & Colder, 2012; Stieger, Göritz, & Burger, 2010）。我国学者也可以尝试采用 SC-IAT 方法测量新的内隐认知领域，从而不断揭示人类内隐认知领域的奥秘。

9 总结论

自从 Karpinski 等（2006）提出并使用单类内隐联想测验（SC-IAT）后，国内外一直鲜有对该方法的进一步实证研究。我国内隐社会认知研究采用的方法主要是传统的 IAT，对单一目标对象的内隐态度测量用得较少。通过以上六个实证研究，发现单类内隐联想测验（SC-IAT）具有一些优良独特的特点：

（1）该测验存在自动联想激活成分，且达到显著水平，其测量得出的内隐效应能够反映被试实验过程中概念类别之间的自动联系程度或被试观念中概念之间属性共享程度；

（2）该测验组块顺序效应不显著，且内隐实验顺序效应也不显著；

（3）该测验不受外在诱导信息的影响；

（4）相对传统 IAT，该测验测量的不再是相对内隐态度，而是对某个单一态度对象的整体内隐态度；

（5）两个 SC-IAT 内隐效应之差与包括两个目标对象的 IAT 内隐效应之间不存在显著差异，说明该测验可以实现相对内隐态度的测量；

（6）该方法可以广泛应用于内隐自尊、内隐刻板印象、内隐群体偏爱、内隐产品偏好、内隐性别认同等领域中，并能具体地弄清楚被试对单一目标对象的整体内隐态度；

（7）该方法经过进一步改进后，可以尝试去测量被试对多个目标对象的内隐态度，也可以尝试将相容任务和不相容任务整合到一个组块里，从而简化测验程序。经过改进后的测验是对 SC-IAT 的完善和发展，但仍需要进一步的实证研究来考察其信度和效度。

参考文献

［1］艾传国,佐斌.（2011a）.外显自尊、相对内隐自尊和整体内隐自尊.中国临床心理学杂志,19（6）,763-765.

［2］艾传国,佐斌.（2011b）.单类内隐联想测验（SC-IAT）在群体认同中的初步应用.中国临床心理学杂志,19（4）,476-478.

［3］蔡华俭.（2002）.内隐自尊的作用机制及特性研究.博士学位论文.上海:华东师范大学.

［4］蔡华俭.（2003）.内隐自尊效应及内隐自尊与外显自尊的关系.心理学报,35（6）,796-801.

［5］冯成志.（2009）.心理学实验软件 Inquisit 教程.北京:北京大学出版社.

［6］高旭成,吴明证,梁宁建.（2003）.IAT 效应在不同目标概念水平上的差异研究.心理科学,26（4）,628-630.

［7］郭晗薇.（2009）.大学生性别及性别角色与职业自我效能感的关系.中国健康心理学杂志,17（7）,842-844.

［8］李宝库.（2010）.中国正快速步入老龄化社会,2050 年老年人将占三成.http://news.xinhuanet.com/politics/2010-08/11/c_12435842.htm.

［9］连淑芳.（2005）.内—外群体偏爱的内隐效应实验研究.心理科学,28（1）,93-95.

［10］梁宁建,吴明证,高旭成.（2003）.基于反应时范式的内隐社会认

知研究方法.心理科学, 26（2）, 208–211.

[11] 梁宁建, 杨福义, 陈进.（2008）.青少年内隐自尊与自我防卫关系研究.心理科学, 31（5）, 1082–1085.

[12] 林崇德.（2002）.发展心理学.杭州: 浙江教育出版社.

[13] 卢勤, 苏彦捷.（2003）.对 Bem 性别角色量表的考察与修订.中国心理卫生杂志, 17（8）, 550–553.

[14] 马蕊, 张爱霞, 生庆海.（2007）.Friedman 检验和 Kramer 检验在感官排序测试中的比较.中国乳品工业, 35（9）, 14–16.

[15] 钱铭怡, 张光健, 罗珊红, 张梓.（2000）.大学生性别角色量表(CSRI) 的编制.心理学报, 32（1）, 99–104.

[16] 斯蒂夫·克鲁格.（2006）.点石成金: 访客至上的网页设计秘笈（原书第 2 版）.De Dream, 译.北京: 机械工业出版社.

[17] 斯蒂夫·克鲁格.（2010）.妙手回春: 网站可用性测试及优化指南.袁国忠, 译.北京: 人民邮电出版社.

[18] 时蓉华.（1999）.现代社会心理学.上海: 华东师范大学出版社.

[19] 汪向东, 王希林, 马弘.（1999）.心理卫生评定量表手册（增订版）.北京: 中国心理卫生杂志社.

[20] 魏谨, 佐斌, 温芳芳, 杨晓.（2009）.暴力网络游戏与青少年攻击内隐联结的研究.中国临床心理学杂志, 17（6）, 715–717.

[21] 温芳芳, 佐斌.（2007）.评价单一态度对象的内隐社会认知测验方法.心理科学进展, 15（5）, 828–833.

[22] 许静, 梁宁建, 王岩, 王新法.（2005）.内隐自尊的 ERP 研究.心理科学, 28（4）, 792–796.

[23] 严义娟, 佐斌.（2008）.外群体偏爱研究进展.心理科学, 31（3）,

671–674.

[24] 杨治良,邹庆宇.（2007）.内隐地域刻板印象的IAT和SEB比较研究.
心理科学,30（6）,1314–1320.

[25] 易勇,风少杭.（2005）.老年歧视与老年社会工作.中国老年学杂志,
25（4）,471–473.

[26] 袁登华,罗嗣明,叶金辉.（2009）.内隐品牌态度与外显品牌态度
分离研究.心理科学,32（6）,1298–1301.

[27] 张赫.（2008）.大学生性别角色与人际和谐性的关系研究.中国健
康心理学杂志,16（3）,245–247.

[28] 张文新.（1999）.儿童社会性发展.北京:北京师范大学出版社.

[29] 赵娟娟,司继伟.（2009）.大学生内隐、外显自尊与嫉妒行为的关系.
中国临床心理学杂志,17（2）,222–224.

[30] 佐斌,刘旺.（2006）.基于IAT和SEB的内隐性别刻板印象研究.
心理发展与教育,22（4）,57–63.

[31] 佐斌,温芳芳,朱晓芳.（2007）.大学生对年轻人和老年人的年龄
刻板印象.应用心理学,13（3）,231–236.

[32] Andrews, J. A., Hampson, S. E., Greenwald, A. G., Gordon, J., & Widdop,
C.（2010）. Using the Implicit Association Test to Assess Children's
Implicit Attitudes Toward Smoking. *Journal of Applied Social Psychology,
40*（9）, 2387–2406.

[33] Asendorpf, J. B., Banse, R., & Mücke, D.（2002）. Double dissociation
between implicit and explicit personality self-concept: The case of shy
behavior. *Journal of Personality and Social Psychology, 83*（2）, 380–
393.

[34] Ashburn-Nardo, L., Knowles, M. L., & Monteith, M. J. (2003). Black Americans' implicit racial associations and their implications for intergroup judgment. *Social cognition, 21* (1), 61-87.

[35] Atkinson, R. C., & Shiffrin, R. M. (1968). Human memory: A proposed system and its control processes. *The psychology of learning and motivation: Advances in research and theory, 2,* 89-195.

[36] Back, M. D., Schmukle, S. C., & Egloff, B. (2005). Measuring task-switching ability in the Implicit Association Test. *Experimental Psychology, 52* (3), 167-179.

[37] Banks, W. C. (1976). White preference in Blacks: A paradigm in search of a phenomenon. *Psychological Bulletin, 83* (6), 1179-1186.

[38] Bargh, J. A. (1994). The four horsemen of automaticity: Awareness, intention, efficiency, and control in social cognition. In R. S. Wyer & T. K. Srull (Eds.), *Handbook of social cognition. Vol. 1: Basic processes* (2 ed., pp. 1-40). Hillsdale, NJ: Erlbaum.

[39] Bargh, J. A. (2002). Losing consciousness: Automatic influences on consumer judgment, behavior, and motivation. *Journal of Consumer Research, 29* (2), 280-285.

[40] Baumeister, R. F., Campbell, J. D., Krueger, J. I., & Vohs, K. D. (2003). Does high self-esteem cause better performance,interpersonal success,happiness,or healthier lifestyles? *Psychological science in the public interest, 4* (1), 1-44.

[41] Bem, S. L. (1974). The measurement of psychological androgyny. *Journal of Consulting and Clinical psychology, 42* (2), 155-162.

[42] Bem, S. L., & Lenney, E. （1976a）. Sex Typing and the Avoidance of Cross-Sex Behavior. Journal of Personality and Social Psychology, 33（1）, 48-54.

[43] Bem, S. L., Martyna, W., & Watson, C. （1976b）. Sex typing and androgyny: Further explorations of the expressive domain. *Journal of Personality and Social Psychology, 34* （5）, 1016-1023.

[44] Bluemke, M., & Friese, M. （2008）. Reliability and validity of the Single-Target IAT （ST-IAT）: assessing automatic affect towards multiple attitude objects. *European journal of social psychology, 38*（6）, 977-997.

[45] Bosson, J. K., Swann, W. B., & Pennebaker, J. W. （2000）. Stalking the perfect measure of implicit self-esteem: The blind men and the elephant revisited? *Journal of Personality and Social Psychology, 79* （4）, 631-643.

[46] Brendl, C. M., Markman, A. B., & Messner, C. （2001）. How do indirect measures of evaluation work? Evaluating the inference of prejudice in the Implicit Association Test. *Journal of Personality and Social Psychology, 81* （5）, 760-773.

[47] Brown, J. D., Cai, H., Oakes, M., & Deng, C. （2009）. Cultural similarities in self-esteem functioning. *Journal of Cross-Cultural Psychology, 40* （1）, 140-157.

[48] Brunel, F. F., Tietje, B. C., & Greenwald, A. G. （2004）. Is the Implicit Association Test a valid and valuable measure of implicit consumer social cognition? *Journal of Consumer Psychology, 14* （4）, 385-404.

［49］Buchner, A., Erdfelder, E., & Vaterrodt-Pluennecke, B. （1995）. Toward unbiased measurement of conscious and unconscious memory processes within the process dissociation framework. *Journal of Experimental Psychology, 124*, 137-160.

［50］Buchner, A., & Wippich, W. （2000）. On the Reliability of Implicit and Explicit Memory Measures. *Cognitive Psychology, 40*（3）, 227-259.

［51］Cai, H., Wu, Q., & Brown, J. D. （2009）. Is self-esteem a universal need? Evidence from The People's Republic of China. *Asian Journal of Social Psychology, 12*（2）, 104-120.

［52］Chaiken, S., & Trope, Y. （Eds.）. （1999）. *Dual-process theories in social psychology*. New York: Guilford Press.

［53］Chassin, L., Presson, C., Rose, J., Sherman, S. J., & Prost, J. （2002）. Parental smoking cessation and adolescent smoking. *Journal of Pediatric Psychology, 27*（6）, 485-496.

［54］Chen, S., & Chaiken, S. （1999）. The heuristic-systematic model in its broader context. In S. Chaiken & Y. Trope （Eds.）, *Dual-process theories in social psychology* （pp. 73-96）. New York: Guilford Press.

［55］Collins, A. M., & Loftus, E. F. （1975）. A spreading-activation theory of semantic processing. *Psychological review, 82*（6）, 407-428.

［56］Conrey, F. R., Sherman, J. W., Gawronski, B., Hugenberg, K., & Groom, C. J. （2005）. Separating Multiple Processes in Implicit Social Cognition: The Quad Model of Implicit Task Performance. *Journal of Personality and Social Psychology, 89*（4）, 469-487.

［57］Correll, J., Park, B., Judd, C. M., & Wittenbrink, B. （2002）. The police officer' s dilemma: Using ethnicity to disambiguate potentially threatening individuals. *Journal of Personality and Social Psychology, 83*, 1314–1329.

[58] De Houwer, J. （2003a）. A structural analysis of indirect measures of attitudes. In J.Musch & K.C.Klauer （Eds.）, *The psychology of evaluation:Affective processes in cognition and emotion* （pp. 219–244）. Mahwah,NJ: Erlbaum.

[59] De Houwer, J. （2003b）. The extrinsic affective Simon task. *Experimental Psychology, 50*（2）, 77–85.

[60] De Houwer, J., Geldof, T., & De Bruycker, E. （2005）. The Implicit Association Test as a General Measure of Similarity. *Canadian Journal of Experimental Psychology, 59*（4）, 228–239.

[61] Devine, P. G. （1989）. Stereotypes and prejudice: Their automatic and controlled components. *Journal of Personality and Social Psychology, 56*, 5–18.

[62] Dohle, S., Keller, C., & Siegrist, M. （2010）. Examining the relationship between affect and implicit associations: Implications for risk perception. *Risk Analysis, 30*（7）, 1116–1128.

[63] Egloff, B., & Schmukle, S. C. （2002）. Predictive validity of an implicit association test for assessing anxiety. *Journal of Personality and Social Psychology, 83*（6）, 1441–1455.

[64] Egloff, B., Schwerdtfeger, A., & Schmukle, S. C. （2005）. Temporal Stability of the Implicit Association Test——Anxiety. *Journal of Personality Assessment, 84*（1）, 82–88.

［65］Fazio, R. H.（1990）. Multiple processes by which attitudes guide behavior: The MODE model as an integrative framework. In M. Zanna（Ed.）, *Advances in experimental social psychology*（Vol. 23, pp. 75-109）. San Diego, CA: Academic Press.

［66］Fazio, R. H., Jackson, J. R., Dunton, B. C., & Williams, C. J.（1995）. Variability in automatic activation as an unobtrusive measure of racial attitudes: A bona fide pipeline? *Journal of Personality and Social Psychology, 69*, 1013-1027.

［67］Fazio, R. H., Sanbonmatsu, D. M., Powell, M. C., & Kardes, F. R.（1986）. On the automatic activation of attitudes. *Journal of Personality and Social Psychology, 50*, 229-238.

［68］Fiske, S. T., & Neuberg, S. L.（1990）. A continuum of impression formation, from category-based to individuating processes: Influences of information and motivation on attention and interpretation. In M. Zanna（Ed.）, *Advances in experimental social psychology*（Vol. 23, pp. 1-74）. San Diego, CA: Academic Press.

［69］Gilbert, D. T.（1989）. Thinking lightly about others: Automatic components of the social inference process. In J. S. Uleman & J. A. Bargh（Eds.）, *Unintended thought*（pp. 189-211）. New York: Guilford Press.

［70］Green, D. M., & Swets, J. A.（1966）. *Signal detection theory and psychophysics*. New York: Wiley.

［71］Greenwald, A. G., & Banaji, M. R.（1995）. Implicit social cognition: Attitudes, self-esteem, and stereotypes. *Psychological review, 102*（1）,

4–27.

[72] Greenwald, A. G., & Farnham, S. D. （2000）. Using the Implicit Association Test to measure self-esteem and self-concept. *Journal of Personality and Social Psychology, 79*（6）, 1022–1038.

[73] Greenwald, A. G., McGhee, D. E., & Schwartz, J. L. K. （1998）. Measuring individual differences in implicit cognition: The implicit association test. *Journal of Personality and Social Psychology, 74*（6）, 1464–1480.

[74] Greenwald, A. G., Nosek, B. A., & Banaji, M. R. （2003a）. Understanding and using the Implicit Association Test: I. An improved scoring algorithm. *Journal of Personality and Social Psychology, 85*（2）, 197–216.

[75] Greenwald, A. G., Oakes, M. A., & Hoffman, H. G. （2003b）. Targets of discrimination: Effects of race on responses to weapons holders. *Journal of Experimental Social Psychology, 39*, 399–405.

[76] Greenwald, A. G., Poehlman, T. A., Uhlmann, E. L., & Banaji, M. R.（2009）. Understanding and using the Implicit Association Test: III. Meta-analysis of predictive validity. *Journal of Personality and Social Psychology, 97*（1）, 17–41.

[77] Haddock, G., Zanna, M. P., & Esses, V. M. （1993）. Assessing the structure of prejudicial attitudes: The case of attitudes toward homosexuals. *Journal of Personality and Social Psychology, 65*, 1105–1118.

[78] Hartley, D. （1749）. *Observations on man. his frame, his duty, and his expectations*. London: S, Richardson.

［79］Hofmann, W., Gawronski, B., Gschwendner, T., Le, H., & Schmitt, M. (2005a). A meta-analysis on the correlation between the Implicit Association Test and explicit self-report measures. *Personality and Social Psychology Bulletin, 31*（10）, 1369-1385.

［80］Hofmann, W., Gschwendner, T., Nosek, B. A., & Schmitt, M. （2005b）. What moderates implicit-explicit consistency? *European Review of Social Psychology, 16*, 335-390.

［81］Jacoby, L. L. （1991）. A process-dissociation framework: Separating automatic from intentional uses of memory. *Journal of Memory & Language, 30*, 513-541.

［82］Jacoby, L. L., McElree, B., & Trainham, T. N. （1999）. Automatic influences as accessibility bias in memory and Stroop tasks: Toward a formal model. In D. Gopher & A. Koriat （Eds.）, *Attention and performance XVII: Cognitive regulation of performance: Interaction of theory and application* （pp. 461-486）. Cambridge, MA: MIT Press.

［83］Janiszewski, C. （1988）. Preconscious processing effects: The independence of attitude formation and conscious thought. *Journal of Consumer Research, 15*（2）, 199-209.

［84］Jelenec, P., & Steffens, M. C. （2002）. Implicit attitudes toward elderly women and men. *Current Research in Social Psychology, 7*（16）, 275-293.

［85］Jellison, W. A., McConnell, A. R., & Gabriel, S. （2004）. Implicit and Explicit Measures of Sexual Orientation Attitudes: In Group Preferences and Related Behaviors and Beliefs among Gay and Straight Men.

Personality and Social Psychology Bulletin, 30（5）, 629-642.

[86] Jost, J. T., & Burgess, D.（2000）. Attitudinal ambivalence and the conflict between group and system justification motives in low status groups. *Personality and Social Psychology Bulletin, 26*（3）, 293-305.

[87] Karpinski, A.（2004）. Measuring self-esteem using the Implicit Association Test: The role of the other. *Personality and Social Psychology Bulletin, 30*（1）, 22-34.

[88] Karpinski, A., & Hilton, J. L.（2001）. Attitudes and the implicit association test. *Journal of Personality and Social Psychology, 81*（5）, 774-788.

[89] Karpinski, A., & Steinman, R. B.（2006）. The single category implicit association test as a measure of implicit social cognition. *Journal of Personality and Social Psychology, 91*（1）, 16-32.

[90] Kawakami, K., Dion, K. L., & Dovidio, J. F.（1999）. The Stroop task and preconscious activation of racial stereotypes. *Swiss Journal of Psychology, 58*, 241-250.

[91] Klauer, K. C., Voss, A., Schmitz, F., & Teige-Mocigemba, S.（2007）. Process components of the Implicit Association Test: A diffusion-model analysis. *Journal of Personality and Social Psychology, 93*（3）, 353-368.

[92] Kornblum, S., Hasbroucq, T., & Osman, A.（1990）. Dimensional overlap: Cognitive basis for stimulus - response compatibility: A model and taxonomy. *Psychological Review, 97*, 253-270.

[93] Lawless, H. T., & Heymann, H.（2001）. 食品感官评价原理与技术. 王栋,

译 . 北京：中国轻工业出版社 .

[94] Lebens, H., Roefs, A., Martijn, C., Houben, K., Nederkoorn, C., & Jansen, A. （2011）. Making implicit measures of associations with snack foods more negative through evaluative conditioning. *Eating behaviors, 12*（4）, 249–253.

[95] Lindsay, D. S., & Jacoby, L. L. （1994）. Stroop process dissociations: The relationship between facilitation and interference. Journal of Experimental Psychology: *Human Perception and Performance, 20*, 219–234.

[96] Livingston, R. W. （2002）. The role of perceived negativity in the moderation of African Americans' implicit and explicit racial attitudes. *Journal of Experimental Social Psychology, 38*（4）, 405–413.

[97] Maison, D., Greenwald, A. G., & Bruin, R. （2001）. The Implicit Association Test as a measure of implicit consumer attitudes. *Polish Psychological Bulletin, 32*（1）, 1–9.

[98] Maison, D., Greenwald, A. G., & Bruin, R. H. （2004）. Predictive validity of the Implicit Association Test in studies of brands, consumer attitudes, and behavior. *Journal of Consumer Psychology, 14*（4）, 405–415.

[99] McConahay, J. B. （1986）. Modern racism, ambivalence, and the Modern Racism Scale. In J. D. Dovidio & S. L. Gaertner （Eds.）, *Prejudice, discrimination, and racism* （pp. 91–125）. San Diego, CA: Academic Press.

[100] McConnell, A. R., & Leibold, J. M. （2001）. Relations among the Implicit Association Test, Discriminatory Behavior, and Explicit Measures

of Racial Attitudes. *Journal of Experimental Social Psychology, 37*(5), 435–442.

[101] McFarland, S. G., & Crouch, Z.（2002）. A cognitive skill confound on the Implicit Association Test. *Social Cognition, 20*, 483–510.

[102] Mierke, J., & Klauer, K. C.（2001）. Implicit association measurement with the IAT: Evidence for effects of executive control processes. *Zeitschrift für Experimentelle Psychologie, 48*（2）, 107–122.

[103] Mierke, J., & Klauer, K. C.（2003）. Method-Specific Variance in the Implicit Association Test. *Journal of Personality and Social Psychology, 85*（6）, 1180–1192.

[104] Neely, J. H.（1977）. Semantic priming and retrieval from lexical memory: Roles of inhibitionless spreading activation and limited-capacity attention. *Journal of Experimental Psychology, 106*, 226–254.

[105] Neumann, R., Hülsenbeck, K., & Seibt, B.（2004）. Attitudes towards people with AIDS and avoidance behavior: Automatic and reflective bases of behavior. *Journal of Experimental Social Psychology, 40*（4）, 543–550.

[106] Nisbett, R. E., & Wilson, T. D.（1977）. Telling more than we can know: Verbal reports on mental processes. *Psychological Review, 84*, 231–259.

[107] Norton, M. I., Vandello, J. A., & Darley, J. M.（2004）. Casuistry and social category bias. *Journal of Personality and Social Psychology, 87*（6）, 817–831.

[108] Nosek, B. A.（2005a）. Moderators of the relationship between implicit and explicit evaluation. *Journal of Experimental Psychology: General,*

134（4），565–584.

[109] Nosek, B. A., & Banaji, M. R.（2001）. The go/no–go association task. *Social Cognition, 19*（6），625–666.

[110] Nosek, B. A., Banaji, M. R., & Greenwald, A. G.（2002）. Harvesting implicit group attitudes and beliefs from a demonstration web site. Group Dynamics: *Theory, Research, and Practice, 6*（1），101–115.

[111] Nosek, B. A., Greenwald, A. G., & Banaji, M. R.（2005b）. Understanding and using the Implicit Association Test: II. Method variables and construct validity. *Personality and Social Psychology Bulletin, 31*（2），166–180.

[112] Nosek, B. A., Greenwald, A. G., & Banaji, M. R.（2007）. The Implicit Association Test at age 7: A methodological and conceptual review. In J. A. Bargh（Ed.）, *Automatic processes in social thinking and behavior*（pp. 265–292）. Washington: Psychology Press.

[113] O'Connor, R., Lopez–Vergara, H., & Colder, C.（2012）. Implicit cognition and substance use: the role of controlled and automatic processes in children. *Journal of Studies on Alcohol and Drugs, 73*（1），134–143.

[114] Olson, M. A., & Fazio, R. H.（2003）. Relations Between Implicit Measures of Prejudice. *Psychological Science, 14*（6），636–639.

[115] Ostafin, B. D., Marlatt, G. A., & Greenwald, A. G.（2008）. Drinking without thinking: An implicit measure of alcohol motivation predicts failure to control alcohol use. *Behaviour Research and Therapy, 46*（11），1210–1219.

[116] Palfai, T. P., & Ostafin, B. D.（2003）. Alcohol–related motivational

tendencies in hazardous drinkers: assessing implicit response tendencies using the modified-IAT. *Behaviour Research and Therapy, 41*（10）, 1149-1162.

[117] Payne, B. K.（2001）. Prejudice and perception: The role of automatic and controlled processes in misperceiving a weapon. *Journal of Personality and Social Psychology, 81*, 181-192.

[118] Payne, B. K., Cheng, C. M., Govorun, O., & Stewart, B. D.（2005）. An inkblot for attitudes: Affect misattribution as implicit measurement. *Journal of Personality and Social Psychology, 89*（3）, 277-293.

[119] Penke, L., Eichstaedt, J., & Asendorpf, J. B.（2006）. Single-attribute Implicit Association Tests（SA-IAT）for the assessment of unipolar constructs. *Experimental Psychology, 53*（4）, 283-291.

[120] Perruchet, P., & Baveux, P.（1989）. Correlational analyses of explicit and implicit memory performance. *Memory & Cognition, 17*（1）, 77-86.

[121] Perugini, M.（2005）. Predictive models of implicit and explicit attitudes. *British Journal of Social Psychology, 44*（1）, 29-45.

[122] Petty, R. E., & Wegener, D. T.（1999）. The elaboration likelihood model: Current status and controversies. In S. Chaiken & Y. Trope（Eds.）, *Dual-process theories in social psychology*（pp. 41-72）. New York: Guilford Press.

[123] Posner, M. I., & Snyder, C. R. R.（1975）. Attention and cognitive control. In R. L. Solso（Ed.）, *Infonnation processing and cognition: The Loyola symposium*（pp. 55-85）. Hillsdale, NJ: Erlbaum.

[124] Roediger, H. L.（1990）. Implicit memory: Retention without

remembering. *American Psychologist, 45*（9）, 1043–1054.

[125] Rosenberg, M.（1965）. *Society and the adolescent self-image.* Princeton,NJ: Princeton University Press.

[126] Rosenberg, M.（1979）. *Conceiving the self.* New York: Basic Books.

[127] Rothermund, K., & Wentura, D.（2001）. Figure-ground asymmetries in the Implicit Association Test（IAT）. *Experimental Psychology, 48*（2）, 94–106.

[128] Rothermund, K., & Wentura, D.（2004）. Underlying processes in the Implicit Association Test: Dissociating salience from associations. *Journal of Experimental Psychology, 133*, 139–165.

[129] Rudman, L. A., Feinberg, J., & Fairchild, K.（2002）. Minority members' implicit attitudes: Automatic ingroup bias as a function of group status. *Social Cognition, 20*（4）, 294–320.

[130] Rudman, L. A., & Kilianski, S. E.（2000）. Implicit and explicit attitudes toward female authority. *Personality and Social Psychology Bulletin, 26*（11）, 1315–1328.

[131] Sabin, J. A., Nosek, B. A., Greenwald, A. G., & Rivara, F. P.（2009）. Physicians' implicit and explicit attitudes about race by MD race, ethnicity, and gender. *Journal of Health Care for the Poor and Underserved, 20*（3）, 896–913.

[132] Schacter, D. L., Bowers, J., & Booker, J.（1989）. Intention, awareness, and implicit memory: The retrieval intentionality criterion. In S. Lewandowsky, J. C. Dunn & K. Kirsner（Eds.）, *Implicit memory:Theoretical issues*（pp. 47–65）. Hillsdale,NJ: Erlbaum.

[133] Schnabel, K., Asendorpf, J. B., & Greenwald, A. G.（2008）. Assessment of individual differences in implicit cognition. *European Journal of Psychological Assessment, 24*（4）, 210–217.

[134] Schnabel, K., Banse, R., & Asendorpf, J. B.（2006a）. Assessment of implicit personality self-concept using the implicit association test（IAT）: Concurrent assessment of anxiousness and angriness. *British Journal of Social Psychology, 45*（2）, 373–396.

[135] Schnabel, K., Banse, R., & Asendorpf, J. B.（2006b）. Employing automatic approach and avoidance tendencies for the assessment of implicit personality self-concept: The Implicit Association Procedure（IAP）. *Experimental Psychology, 53*（1）, 69–76.

[136] Schneider, W., & Shiffrin, R. M.（1977）. Controlled and automatic human information processing: I. Detection, search, and attention. *Psychological Review, 84*, 1–66.

[137] Schröder-Abé, M., Rudolph, A., & Schütz, A.（2007a）. High implicit self-esteem is not necessarily advantageous: discrepancies between explicit and implicit self-esteem and their relationship with anger expression and psychological health. *European Journal of Personality, 21*（3）, 319–339.

[138] Schröder-Abé, M., Rudolph, A., Wiesner, A., & Schütz, A.（2007b）. Self-esteem discrepancies and defensive reactions to social feedback. *International Journal of Psychology, 42*（3）, 174–183.

[139] Shapiro, S.（1999）. When an ad's influence is beyond our conscious control: Perceptual and conceptual fluency effects caused by incidental

ad exposure. *Journal of Consumer Research, 26*（1）, 16–36.

［140］Shiffrin, R. M. （1988）. Attention. In R. C. Atkinson, R. T. Hermstein, G. Lindzey & R. D. Luce （Eds.）, *Steven's Handbook of Experimental Psycholog* （2 ed., Vol. 2, pp. 739–811）. New York: Wiley.

［141］Shiffrin, R. M., & Schneider, W. （1977）. Controlled and automatic human information processing: ll. Perceptual learning, automatic attending and a general theory. *Psychological Review, 84*, 127–190.

［142］Smith, E. R., & DeCoster, J. （2000）. Dual–process models in social and cognitive psychology: Conceptual integration and links to underlying memory systems. *Personality & Social Psychology Review, 4*, 108－131.

［143］Sriram, N., & Greenwald, A. G. （2009）. The brief implicit association test. *Experimental Psychology, 56*（4）, 283–294.

［144］Steffens, M. C., & Plewe, I. （2001）. Items' cross–category associations as a confounding factor in the Implicit Association Test. *Zeitschrift für Experimentelle Psychologie, 48*（2）, 123–134.

［145］Stieger, S., Göritz, A. S., & Burger, C. （2010）. Personalizing the IAT and the SC–IAT: Impact of idiographic stimulus selection in the measurement of implicit anxiety. *Personality and Individual Differences, 48*（8）, 940–944.

［146］Strack, F., & Deutsch, R. （2004a）. Reflective and impulsive determinants of social behavior. *Personality and Social Psychology Review, 8*（3）, 220–247.

［147］Strack, F., & Deutsch, R. （2004b）. Reflective and impulsive determinants of human behavior. *Personality and Social Psychology*

Review, 8, 220–247.

［148］Stroop, J. R.（1935）. Studies on the interference in serial verbal reactions. *Journal of Experimental Psychology, 59*, 239–245.

［149］Swanson, J. E., Rudman, L. A., & Greenwald, A. G.（2001）. Using the Implicit Association Test to investigate attitude–behaviour consistency for stigmatised behaviour. *Cognition & Emotion, 15*（2）, 207–230.

［150］Tajfel, H.（1970）. Experiments in intergroup discrimination. *Scientific American, 223*（5）, 96–102.

［151］Tajfel, H.（1982）. Social psychology of intergroup relations. *Annual Review of Psychology, 33*（1）, 1–39.

［152］Tajfel, H., Billig, M. G., Bundy, R. P., & Flament, C.（1971）. Social categorization and intergroup behaviour. *European Journal of Social Psychology, 1*（2）, 149–178.

［153］Tajfel, H., & Turner, J. C.（1979）. An integrative theory of intergroup conflict. *The Social Psychology of Intergroup Relations, 33*, 47.

［154］Taylor, S. E., & Brown, J. D.（1988）. Illusion and well–being: A social psychological perspective on mental health. *Psychological Bulletin, 103*（2）, 193–201.

［155］Teige-Mocigemba, S., Klauer, K. C., & Rothermund, K.（2008）. Minimizing method–specific variance in the IAT: A Single Block IAT. *European Journal of Psychological Assessment, 24*（4）, 237–245.

［156］Teige, S., Schnabel, K., Banse, R., & Asendorpf, J. B.（2004）. Assessment of multiple implicit self–concept dimensions using the Extrinsic Affective Simon Task（EAST）. *European Journal of*

Personality, 18（6）, 495–520.

[157] Wang, X. （2007）. A Model of the Relationship of Sex–Role Orientation to Social Problem–Solving. *Sex Roles, 57*（5）, 397–408.

[158] Wang, X., Huang, X., Jackson, T., & Chen, R. （2012）. Components of Implicit Stigma against Mental Illness among Chinese Students. *Plos One, 7*（9）, e46016.

[159] Wegner, D. M. （1994）. Ironic processes of mental control. *Psychological Review, 101*, 34–52.

[160] Wegner, D. M., & Bargh, J. A. （1998）. Control and automaticity in social life. In D. T. Gilbert, S. E. Fiske & G. Lindzey （Eds.）, *Handbook of social psychology* （4 ed., Vol. 1, pp. 446–496）. New York: McGrawHill.

[161] Wentura, D., & Rothermund, K. （2007）. Paradigms we live by. A plea for more basic research on the IAT. In B. Wittenbrink & N. Schwarz（Eds.）, *Implicit measures of attitudes* （pp. 195–215）. New York: Guilford.

[162] Whitley, B. E. （1983）. Sex role orientation and self–esteem: A critical meta–analytic review. *Journal of Personality and Social Psychology, 44* （4）, 765–778.

[163] Wigboldus, D. H. J., Holland, R. W., & van Knippenberg, A. （2005）. Single target implicit associations. Unpublished manuscript.

[164] Wilson, T. D., Lindsey, S., & Schooler, T. Y. （2000）. A model of dual attitudes. *Psychological Review, 107*（1）, 101–126.

[165] Zajonc, R. B. （1980）. Feeling and thinking: Preferences need no inferences. *American Psychologist, 35*, 151–175.

附　录

1　问卷

Rosenberg 自尊量表的中文修订版

您好！这是关于自我评价的问卷，答案没有正确与错误之分，结果仅作为研究使用，希望您真实地回答以下问题，谢谢合作！

	完全不符合	不太符合	比较符合	完全符合
1. 我认为自己是个有价值的人，至少与别人不相上下。	1	2	3	4
2. 我觉得我有许多优点。	1	2	3	4
3. 总的来说，我倾向于认为自己是一个失败者。	1	2	3	4
4. 我做事可以做得和大多数人一样好。	1	2	3	4
5. 我觉得自己没有什么值得自豪的地方。	1	2	3	4
6. 我对自己持有一种肯定的态度。	1	2	3	4
7. 整体而言，我对自己感到满意。	1	2	3	4
8. 我希望我能为自己赢得更多尊重。	1	2	3	4
9. 有时我的确感到自己没用了。	1	2	3	4
10. 我有时认为自己一无是处。	1	2	3	4

大学生对年轻人和老年人态度问卷（包含正面诱导或负面诱导信息）

您好！非常感谢您参与我们的研究。我们主要调查您对老年人和年轻人的态度，请如实回答，答案没有正确与错误之分。

一、您的性别是？

1. 男　　　　　2. 女

二、（我们在生活中一定接触过一些老年人，他们身上可能存在很多优点,如经验丰富、和蔼可亲、真诚善良等,那么您对老年人的态度是? ——正面诱导)(我们在生活中一定接触过一些老年人,他们可能存在一些因年龄而导致的一些问题,如啰唆、固执、保守等,那么您对老年人的态度是? ——负面诱导)

1. 非常不喜欢　　　　2. 比较不喜欢　　　　3. 有点不喜欢

4. 一般　　　　　　　5. 有点喜欢

6. 比较喜欢　　　　　7. 非常喜欢

三、您对年轻人的态度是?

1. 非常不喜欢　　　　2. 比较不喜欢　　　　3. 有点不喜欢

4. 一般　　　　　　　5. 有点喜欢　　　　　6. 比较喜欢

7. 非常喜欢

大学生对农村人和城市人态度的调查问卷

您好! 非常感谢您参与我们的研究。这份问卷主要调查您对农村人和城市人的态度,请如实回答,答案没有正确与错误之分。

一、您的性别是?

1. 男　　　　　　　　　　　　　　　　2. 女

二、您的生源所在地是?

1. 农村(包括县、乡、镇、村)　　　　　2. 城市

三、农村人在您脑海中的印象是?

1. 非常差　　　　　2. 比较差　　　　　3. 有点差

4. 中等　　　　　　5. 有点好　　　　　6. 比较好

7. 非常好

四、您对农村人的态度是?

1. 非常不喜欢　　　　　2. 比较不喜欢　　　　　3. 有点不喜欢

4. 一般　　　　　　　　5. 有点喜欢　　　　　　6. 比较喜欢

7. 非常喜欢

五、城市人在您脑海中的印象是?

1. 非常差　　　　　　　2. 比较差　　　　　　　3. 有点差

4. 中等　　　　　　　　5. 有点好　　　　　　　6. 比较好

7. 非常好

六、您对城市人的态度是?

1. 非常不喜欢　　　　　2. 比较不喜欢　　　　　3. 有点不喜欢

4. 一般　　　　　　　　5. 有点喜欢　　　　　　6. 比较喜欢

7. 非常喜欢

手机品牌偏好问卷

您好! 非常感谢您参与我们的研究。这个问卷主要调查您对中国品牌手机和外国品牌手机的态度，请如实回答，答案没有正确与错误之分。

一、您的性别是?

1. 男　　　　　　　　　2. 女

二、您现在的手机品牌是＿＿＿＿＿＿＿＿。（请写出品牌名字，中文或英文都可以）

三、中国品牌手机在您脑海中的印象是?

1. 非常差　　　　　　　2. 比较差　　　　　　　3. 有点差

4. 中等　　　　　　　　5. 有点好　　　　　　　6. 比较好

7. 非常好

四、您对中国品牌手机的态度是?

1. 非常不喜欢   2. 比较不喜欢   3. 有点不喜欢

4. 无所谓   5. 有点喜欢   6. 比较喜欢

7. 非常喜欢

五、外国品牌手机在您脑海中的印象是?

1. 非常差   2. 比较差   3. 有点差

4. 中等   5. 有点好   6. 比较好

7. 非常好

六、您对外国品牌手机的态度是?

1. 非常不喜欢   2. 比较不喜欢   3. 有点不喜欢

4. 无所谓   5. 有点喜欢   6. 比较喜欢

7. 非常喜欢

七、如果有机会免费获得一款新手机,您希望它是中国品牌的还是外国品牌的?

1. 中国品牌   2. 无所谓   3. 外国品牌

大学生对四种门户网站的偏好调查

您好!非常感谢您参与我们的研究。这份问卷主要调查您对四个主流门户网站的态度,请如实回答,答案没有正确与错误之分。

1. 请把下面四个门户网站按照您的喜欢程度排列(最喜欢的排第一个)_____。

A. 新浪   B. 网易   C. 雅虎   D. 搜狐

2、请把下面四个门户网站按照您使用的频率排列(经常使用的排第一个)_____。

A. 新浪   B. 网易   C. 雅虎   D. 搜狐

贝姆性别角色量表（中文修订版）

同学们，你们好！很感谢你们能抽出时间参与调查，答案仅供研究使用。

这是一项关于性别特征的评价量表，请你根据自身的情况，逐条在从 1（完全不符合）到 7（完全符合）的尺度上给自己打分。请把与自己情况相符的数字变成红色。

性别：1.男；2.女

序号	性格特征	完全不符合	比较不符合	有点不符合	中等	有点符合	比较符合	完全符合
1	自立的	1	2	3	4	5	6	7
2	维护自己信念	1	2	3	4	5	6	7
3	独立的	1	2	3	4	5	6	7
4	深情的	1	2	3	4	5	6	7
5	武断的	1	2	3	4	5	6	7
6	受人赞赏的	1	2	3	4	5	6	7
7	个性坚强的	1	2	3	4	5	6	7
8	忠诚的	1	2	3	4	5	6	7
9	遒劲有力的	1	2	3	4	5	6	7
10	善于分析的	1	2	3	4	5	6	7
11	表示同情的	1	2	3	4	5	6	7
12	具有领导能力的	1	2	3	4	5	6	7
13	对他人的需求敏感	1	2	3	4	5	6	7
14	乐于冒险的	1	2	3	4	5	6	7
15	善解人意的	1	2	3	4	5	6	7
16	易于做出决策的	1	2	3	4	5	6	7
17	有同情心的	1	2	3	4	5	6	7
18	乐于安抚受伤的感情	1	2	3	4	5	6	7
19	温和的	1	2	3	4	5	6	7
20	愿意表明立场的	1	2	3	4	5	6	7
21	温柔体贴	1	2	3	4	5	6	7
22	具有侵犯性	1	2	3	4	5	6	7
23	具有竞争心的	1	2	3	4	5	6	7
24	热爱孩子的	1	2	3	4	5	6	7
25	雄心勃勃	1	2	3	4	5	6	7
26	温文尔雅	1	2	3	4	5	6	7

2 内隐实验刺激材料

我：我、自己、本人、我的、自个、俺

他人：人家、别人、他人、他们、他、她

好：聪明、成功、友好、诚实、自信、高尚

不好：丑陋、失败、无能、可耻、愚蠢、卑鄙

老年人：老头、老人、老爷爷、老奶奶、老太太

年轻人：少年、少女、姑娘、小伙子、青年人

积极的（身体特征）：精力充沛、活跃、运动、强壮、健康

消极的（身体特征）：疲惫不堪、虚弱、肮脏、迟缓、呆滞

农村人：农民、农民工、乡下人、农夫、农妇

城市人：城市人、市民、城里人、市区人、城区人

喜欢：喜欢、喜爱、喜好、好感、满意

不喜欢：讨厌、厌恶、厌烦、反感、不满

我：我、自己、本人、我的、自个

男性特征：攻击、好斗、独立、强壮、勇敢

女性特征：温柔、敏感、同情、柔弱、依赖

中国品牌手机	联想	天语	步步高	ZTE（中兴）	金立
外国品牌手机	NOKIA（诺基亚）	Samsung（三星）	MOTO（摩托罗拉）	Apple（苹果）	Sony Ericsson
快乐					
不快乐					

网站	新浪	新浪	sina	www.sina.com	sina 新浪网 sina.com.cn
	网易	网易	wangyi	www.163.com	網易 NetEase www.163.com
	雅虎	雅虎	yahoo	www.yahoo.com	YAHOO!
	搜狐	搜狐	sohu	www.sohu.com	搜狐 SOHU.com
快乐					
不快乐					

3 实验程序插图

我 SC–IAT   我 – 他人 IAT

老年人 SC-IAT

老年人 + 积极的	消极的
虚弱	

老年人 – 年轻人 IAT

老年人 + 积极的	年轻人 + 消极的
精力充沛	

农村人 SC-IAT

喜欢或者农村人	不喜欢
农民	

城市人 SC-IAT

喜欢或者城市人	不喜欢
好感	

农村人 – 城市人 IAT

喜欢或者农村人	不喜欢或者城市人
城里人	

中国手机品牌 SC-IAT

快乐 + 国品牌	不快乐

外国手机品牌 SC-IAT

快乐 + 外国品牌	不快乐

中国 – 外国手机品牌 IAT

快乐 + 中国品牌	不快乐 + 外国品牌

Apple（苹果）

网站 SC-IAT

性别角色 SC-IAT

性别角色 SB-SC-IAT

我、男性特征   女性特征

攻击

- -

男性特征   我、女性特征

4　我 SC-IAT 源程序

以下程序供有兴趣的朋友一起分享交流：

```
**********************************************

Creating Text Stimuli

**********************************************

<text good>

/ items = good

</text>


<item good>

/ 1 = " 聪明 "
```

/ 2 = " 成功 "

/ 3 = " 友好 "

/ 4 = " 诚实 "

/ 5 = " 有能力 "

/ 6 = " 高尚 "

</item>

<text bad>

/ items = bad

</text>

<item bad>

/ 1 = " 丑陋 "

/ 2 = " 失败 "

/ 3 = " 无能 "

/ 4 = " 可耻 "

/ 5 = " 愚蠢 "

/ 6 = " 卑鄙 "

</item>

<text self>

/ items =self

</text>

```
<item self>

/ 1 = " 我 "

/ 2 = " 自己 "

/ 3 = " 本人 "

/ 4 = " 我的 "

/ 5 = " 自个 "

/ 6 = " 俺 "

</item>


<text goodselfleft>

/ items = （ " 好 + 我 " ）

/ position = （ 25, 25 ）

/ txcolor = （ 0, 0, 255 ）

</text>


<text badright>

/ items = （ " 不好 " ）

/ position = （ 75, 25 ）

/ txcolor = （ 0, 0, 255 ）

</text>


<text goodleft>

/ items = （ " 好 " ）

/ position = （ 25, 25 ）
```

/ txcolor = （0, 0, 255）

</text>

<text badselfright>

/ items = （"不好 + 我"）

/ position = （75, 25）

/ txcolor = （0, 0, 255）

</text>

<text errormessage>

/ items = （"×"）

/ txcolor = （255, 0, 0）

</text>

<text correctmessage>

/ items = （"√"）

/ txcolor = （0, 255, 0）

</text>

****

Creating Instructions

****

<page intro>

您好！请把您左右手的食指放在键盘的"A"键和"L"键上，屏幕上方左右两边将会出现两个类别组，屏幕中央会出现一个我们熟悉的词。

您将要进行一个分类任务，当屏幕中央的词属于左边类别时，请按 A 键；当屏幕中央的词属于右边类别时，请按 L 键。请在确保准确地前提下尽可能快的完成任务，如果您的速度过慢或错误过多，那么所得的测验结果将因为无法解释而作废。

</page>

<page instruction1>

~~~ 下面先进行练习操作，不记录实验结果。

</page>

<page instruction2>

~~~ 下面是正式实验，重复上面的分类过程，请尽快、并且尽可能地保证正确，将记录实验结果。

</page>

<page instruction3>

~~~ 接下来是另一个类似的分类任务，屏幕上方两边的类别有些变化，下面先进行练习操作，不记录实验结果。

</page>

<page instruction4>

~~~ 下面是正式实验，重复上面的分类过程，请尽快、并且尽可能地保证正确，将记录实验结果。

```
</page>


<page end>
~~~ 测验已经做完，非常感谢！
</page>


<instruct>
/ nextkey = （"A"）
/ prevkey = （"L"）
</instruct>
```

****

Creating Trials

****

```
<trial good>
/ stimulusframes = [1=good]
/ validresponse = （"a", "l"）
/ correctresponse = （"a"）
</trial>


<trial bad>
/ validresponse = （"a", "l"）
/ correctresponse = （"l"）
/ stimulusframes = [1=bad]
</trial>
```

<trial goodselfleft>

/ validresponse =（"a", "l"）

/ correctresponse =（"a"）

/ stimulusframes = [1=self]

</trial>

<trial badselfright>

/ validresponse =（"a", "l"）

/ correctresponse =（"l"）

/ stimulusframes = [1=self]

</trial>

****

Creating Blocks

****

<block practice1>

/ trials = [1-24= noreplace（good,bad,goodselfleft,bad）]

/ bgstim =（goodselfleft, badright）

/ preinstructions =（instruction1）

/ errormessage =（errormessage, 200）

/ correctmessage =（correctmessage,200）

/ recorddata = false

</block>

```
<block test1>

/ trials = [1–48= noreplace（good,bad,goodselfleft,bad）]

/ bgstim =（goodselfleft, badright）

/ preinstructions =（instruction2）

/ errormessage =（errormessage, 200）

/ correctmessage =（correctmessage,200）

/ blockfeedback =（latency, correct）

</block>


<block practice2>

/ trials = [1–24= noreplace（good,bad,good,badselfright）]

/ bgstim =（goodleft,badselfright）

/ preinstructions =（instruction3）

/ errormessage =（errormessage, 200）

/ correctmessage =（correctmessage,200）

/ recorddata = false

</block>


<block test2>

/ trials = [1–48= noreplace（good,bad,good,badselfright）]

/ bgstim =（goodleft,badselfright）

/ preinstructions =（instruction4）

/ errormessage =（errormessage, 200）

/ correctmessage =（correctmessage,200）
```

/ blockfeedback =（latency, correct）

</block>

****

Creating an Expt

****

<expt>

/ preinstructions =（intro）

/ postinstructions =（end）

/ blocks = [1=practice1; 2=test1;3=practice2;4=test2]

</expt>

<defaults>

/ screencolor =（0, 0, 0）

/ txbgcolor =（0,0,0）

/ txcolor=（255,255,255）

/ fontstyle =（" 宋体 ", 27pt）

</defaults>

5   我 – 他人 IAT 源程序（对传统 IAT 进行了部分修正）

****

Creating Text Stimuli

****

```
/ items = like

</text>


<item like>

/ 1 = " 聪明 "

/ 2 = " 成功 "

/ 3 = " 友好 "

/ 4 = " 诚实 "

/ 5 = " 有能力 "

/ 6 = " 高尚 "

</item>


<text dislike>

/ items = dislike

</text>


<item dislike>

/ 1 = " 丑陋 "

/ 2 = " 失败 "

/ 3 = " 无能 "

/ 4 = " 可耻 "

/ 5 = " 愚蠢 "

/ 6 = " 卑鄙 "

</item>
```

```
<text chinabrand>

/ items = chinabrand

</text>


<item chinabrand>

/ 1 = " 我 "

/ 2 = " 自己 "

/ 3 = " 本人 "

/ 4 = " 我的 "

/ 5 = " 自个 "

/ 6 = " 俺 "

</item>


<text foreignbrand>

/ items = foreignbrand

</text>


<item foreignbrand>

/ 1 = " 人家 "

/ 2 = " 别人 "

/ 3 = " 他人 "

/ 4 = " 他们 "

/ 5 = " 他 "
```

/ 6 = " 她 "

</item>

<text likeleft>

/ items = （ " 好 " ）

/ position = （ 25, 25 ）

/ txcolor = （ 0, 0, 255 ）

</text>

<text dislikeright>

/ items = （ " 不好 " ）

/ position = （ 75, 25 ）

/ txcolor = （ 0, 0, 255 ）

</text>

<text chinabrandleft>

/ items = （ " 我 " ）

/ position = （ 25, 25 ）

/ txcolor = （ 0, 0, 255 ）

</text>

<text foreignbrandright>

/ items = （ " 他人 " ）

/ position = （ 75, 25 ）

```
/ txcolor = ( 0, 0, 255 )

</text>


<text likechinabrandleft>

/ items = ( " 好 + 我 " )

/ position = ( 25, 25 )

/ txcolor = ( 0, 0, 255 )

</text>


<text dislikeforeignbrandright>

/ items = ( " 不好 + 他人 " )

/ position = ( 75, 25 )

/ txcolor = ( 0, 0, 255 )

</text>


<text foreignbrandleft>

/ items = ( " 他人 " )

/ position = ( 25, 25 )

/ txcolor = ( 0, 0, 255 )

</text>


<text chinabrandright>

/ items = ( " 我 " )

/ position = ( 75, 25 )
```

```
/ txcolor = （0, 0, 255）

</text>


<text likeforeignbrandleft>

/ items = （"好 + 他人"）

/ position = （25, 25）

/ txcolor = （0, 0, 255）

</text>


<text dislikechinabrandright>

/ items = （"不好 + 我"）

/ position = （75, 25）

/ txcolor = （0, 0, 255）

</text>


<text errormessage>

/ items = （"×"）

/ txcolor = （255, 0, 0）

</text>


<text correctmessage>

/ items = （"√"）

/ txcolor = （0, 255, 0）

</text>
```

****

Creating Instructions

****

<page intro>

您好！请把您左右手的食指放在键盘的"A"键和"L"键上。屏幕上方左右两边将会出现两个类别组，屏幕中央会出现一个我们熟悉的词。

您将要进行一个分类任务，当屏幕中央的词属于左边类别时，请按 A 键；当屏幕中央的词属于右边类别时，请按 L 键。请在确保准确的前提下尽可能快地完成任务，如果您的速度过慢或错误过多，那么所得的测验结果将因为无法解释而作废。

</page>

<page instruction1>

～～～下面将屏幕中间出现的词按照"好"和"不好"归类，请练习，不记录实验结果。

</page>

<page instruction2>

～～～下面将屏幕中间出现的词按照"我"和"他人"归类，请练习，不记录实验结果。

</page>

<page instruction3>

～～～下面将屏幕中间出现的词按照"好＋我"和"不好＋他人"归类，

请练习，不记录实验结果。

</page>

<page instruction4>

~~~~下面是正式实验，请在确保准确的前提下尽可能快地完成任务，将记录实验结果。

</page>

<page instruction5>

~~~~下面将屏幕中间出现的词按照"他人"和"我"归类，请练习，不记录实验结果。

</page>

<page instruction6>

~~~~下面将屏幕中间出现的词按照"好＋他人"和"不好＋我"归类，请练习，不记录实验结果。

</page>

<page instruction7>

~~~~下面是正式实验，请在确保准确的前提下尽可能快地完成任务，将记录实验结果。

</page>

<page end>

~~~~ 测验已经做完，非常感谢！

</page>

<instruct>

/ nextkey = （"A"）

/ prevkey = （"L"）

</instruct>

****

Creating Trials

****

<trial likeleft>

/ stimulusframes = [1=like]

/ validresponse = （"a", "l"）

/ correctresponse = （"a"）

</trial>

<trial dislikeright>

/ validresponse = （"a", "l"）

/ correctresponse = （"l"）

/ stimulusframes = [1=dislike]

</trial>

<trial like>

/ stimulusframes = [1=like]

```
/ validresponse = （"a", "l"）

/ correctresponse = （"a"）

</trial>


<trial dislike>

/ validresponse = （"a", "l"）

/ correctresponse = （"l"）

/ stimulusframes = [1=dislike]

</trial>


<trial chinabrandleft>

/ validresponse = （"a", "l"）

/ correctresponse = （"a"）

/ stimulusframes = [1=chinabrand]

</trial>


<trial chinabrandright>

/ validresponse = （"a", "l"）

/ correctresponse = （"l"）

/ stimulusframes = [1=chinabrand]

</trial>


<trial foreignbrandleft>

/ validresponse = （"a", "l"）
```

/ correctresponse = （"a"）

/ stimulusframes = [1=fóreignbrand]

</trial>

<trial foreignbrandright>

/ validresponse = （"a", "l"）

/ correctresponse = （"l"）

/ stimulusframes = [1=foreignbrand]

</trial>

<trial likechinabrandleft>

/ validresponse = （"a", "l"）

/ correctresponse = （"a"）

/ stimulusframes = [1=chinabrand]

</trial>

<trial likeforeignbrandleft>

/ validresponse = （"a", "l"）

/ correctresponse = （"a"）

/ stimulusframes = [1=foreignbrand]

</trial>

<trial dislikechinabrandright>

/ validresponse = （"a", "l"）

```
/ correctresponse = （"l"）

/ stimulusframes = [1=chinabrand]

</trial>


<trial dislikeforeignbrandright>

/ validresponse = （"a", "l"）

/ correctresponse = （"l"）

/ stimulusframes = [1=foreignbrand]

</trial>
```

****

Creating Blocks

****

```
<block practice1>

/ trials = [1–12 = noreplace（like, dislike）]

/ bgstim = （likeleft, dislikeright）

/ preinstructions = （instruction1）

/ errormessage = （errormessage, 200）

/ correctmessage = （correctmessage,200）

/ recorddata = false

</block>


<block practice2>

/ trials = [1–12 = noreplace（chinabrandleft, foreignbrandright）]

/ bgstim = （chinabrandleft, foreignbrandright）
```

```
/ preinstructions = （instruction2）

/ errormessage = （errormessage, 200）

/ correctmessage = （correctmessage,200）

/ recorddata = false

</block>


<block practice3>

/ trials = [1-24 = noreplace（chinabrandleft,foreignbrandright,like,dislike）]

/ bgstim = （likechinabrandleft, dislikeforeignbrandright）

/ preinstructions = （instruction3）

/ errormessage = （errormessage, 200）

/ correctmessage = （correctmessage,200）

</block>


<block test1>

/ trials = [1-48 = noreplace（chinabrandleft,foreignbrandright,like,dislike）]

/ bgstim = （likechinabrandleft, dislikeforeignbrandright）

/ preinstructions = （instruction4）

/ errormessage = （errormessage, 200）

/ correctmessage = （correctmessage,200）

/ blockfeedback = （latency, correct）

</block>


<block practice5>
```

/ trials = [1–12 = noreplace（foreignbrandleft, chinabrandright）]

/ bgstim =（foreignbrandleft, chinabrandright）

/ preinstructions =（instruction5）

/ errormessage =（errormessage, 200）

/ correctmessage =（correctmessage,200）

/ recorddata = false

</block>

<block practice6>

/ trials = [1–24 = noreplace（chinabrandright,foreignbrandleft,like,dislike）]

/ bgstim =（likeforeignbrandleft, dislikechinabrandright）

/ preinstructions =（instruction6）

/ errormessage =（errormessage, 200）

/ correctmessage =（correctmessage,200）

</block>

<block test2>

/ trials = [1–48 = noreplace（chinabrandright,foreignbrandleft,like,dislike）]

/ bgstim =（likeforeignbrandleft, dislikechinabrandright）

/ preinstructions =（instruction7）

/ errormessage =（errormessage, 200）

/ correctmessage =（correctmessage,200）

/ blockfeedback =（latency, correct）

</block>

****

Creating an Expt

****

<expt>

/ preinstructions =（intro）

/ postinstructions =（end）

/ blocks = [1=practice1; 2=practice2; 3=practice3; 4=test1; 5=practice5; 6=practice6; 7=test2]

</expt>

<defaults>

/ screencolor =（0, 0, 0）

/ txbgcolor =（0,0,0）

/ txcolor=（255,255,255）

/ fontstyle =（"宋体", 27pt）

</defaults>

6 Basker 检验表格（用于 Kramer 排序检验法）

Basker 表　排序和之间差别的临界值（P=0.05）

评价员数	排列产品数								
	2	3	4	5	6	7	8	9	10
20	9.8	14.8	21.0	27.3	33.7	40.3	47.0	53.7	50.6
21	9.0	15.2	21.5	28.0	34.6	41.3	48.1	55.1	62.1
22	9.2	15.5	22.0	28.6	35.4	42.3	49.2	56.4	63.5
23	9.4	15.9	22.5	29.3	36.2	43.2	50.3	57.6	65.0
24	9.6	16.2	23.0	29.9	36.9	44.1	51.4	58.9	66.4
25	9.8	16.6	23.5	30.5	37.7	45.0	52.5	60.1	57.7
26	10.0	16.9	23.9	31.1	38.4	45.9	53.5	61.3	69.1
27	10.2	17.2	24.4	31.7	39.2	46.8	54.6	62.4	70.4
28	10.4	17.5	24.8	32.3	39.9	47.7	55.6	63.6	71.7
29	10.6	17.8	25.3	32.8	40.6	48.5	56.5	64.7	72.9
30	10.7	18.2	25.7	33.4	41.3	49.3	57.5	65.8	74.2
31	10.9	18.5	26.1	34.0	42.0	50.2	58.5	66.9	75.4
32	11.1	18.7	26.5	34.5	42.6	51.0	59.4	68.0	76.5
33	11.3	19.0	26.9	35.0	43.3	51.7	60.3	69.0	77.8
34	11.4	19.3	27.3	35.6	44.0	52.5	61.2	70.1	79.0
35	11.6	19.6	27.7	36.1	44.6	53.3	621	71.1	80.1
36	11.8	19.9	28.1	36.6	45.2	54.0	63.0	72.1	81.3
37	11.9	20.2	28.5	37.1	45.9	54.8	63.9	73.1	82.4
38	12.1	20.4	28.9	37.6	46.5	55.5	64.7	74.1	83.5
39	12.3	20.7	29.3	38.1	47.1	56.3	65.6	75.0	84.5
40	12.4	21.0	29.7	38.6	47.7	57.0	664	76.0	85.7
41	12.6	21.2	30.0	39.1	48.3	57.7	57.2	76.9	86.7
42	12.7	21.5	30.4	39.5	48.9	58.4	68.0	77.9	87.8
43	12.9	21.7	30.8	40.0	49.4	59.1	68.8	78.8	88.8
44	13.0	22.0	31.1	40.5	50.0	59.8	69.6	79.7	89.9
45	13.1	22.2	31.5	40.9	50.6	60.4	70.4	80.6	90.9
46	13.3	22.5	31.8	41.4	51.1	61.1	71.2	81.5	91.9
47	13.4	22.7	32.2	41.8	51.7	61.8	72.0	82.4	92.9
48	13.6	23.0	32.5	42.3	52.2	2.4	72.7	83.2	93.8